학교보건학

강말순 · 김정회 공저

JMK

머리말

학교보건의 중요성은 학교보건이 지역사회보건의 일부로서 학생과 교직원의 건강을 유지 · 증진할 뿐만 아니라 학교생활의 안녕을 위하여 학교에서 이루어지는 모든 보건활동을 통해 학교교육의 능률화를 돕고 학생들의 재학 중 건강은 물론 졸업 후의 건강으로 연결하여 미래의 국가사회를 이끌어나갈 인력을 육성하는 데 있다.

건강한 학생이 그렇지 못한 학생에 비해 학업성취도가 높은 것으로 알려져 있는데, 이것으로 학교현장에서 학교보건이 얼마나 중요하고 필요한가를 확인할 수 있다. 학교는 학부모와 교직원, 지역사회의 건강증진에도 영향을 주기 때문에 학교보건사업은 점차적으로 학생과 지역사회의 건강증진을 위한 핵심적인 사업으로 인식되고 있다.

특히, 학교보건은 성장발달의 학생에게 가장 기본적인 건강예방, 건강유지 및 건강증진의 방법을 습득하게 하는 아주 중요한 영역이다. 또한 학교보건은 미래의 보건전문인이 대상자에 맞게 건강행위와 건강태도를 변화시키기 위해 전문영역을 학습하는 것이다.

교재의 주요 내용은 학교보건의 목적과 중요성, 조직체계 및 관련 법규에 대한 기본지식과 이해를 바탕으로 학교보건교육, 학교건강증진, 학교건강평가, 건강문제(응급환자 및 감염병) 발생 시 대처방법, 보건실 운영 등 학교보건사업의 실제를 파악하여 익히도록 하고 있다. 이를 통해 학습자 스스로 건강증진 프로그램을 개발하여 적용하는 것뿐 아니라 전반적인 보건실 운영의 실제를 습득하게 된다. 즉, 보건실에서 흔히 발생하는 건강문제를 해결하고, 약품 등 물적 자원을 관리하거나 예산을 수립할 수 있도록 내용을 구성하였다.

이러한 관점에서 학교보건사업이 그 목적을 달성할 수 있도록 효율적인 업무가 수행되어야 하며, 학교보건사업이 균형 있게 발전할 수 있도록 하기 위해 유해요인을 파악하고 건강유해 행태를 감소시키며, 안전의식을 고취하여 다양한 학생중심 보건사업을 계획하고 수행하여 예방중심의 학교보건사업을 수행할 수 있도록 내용을 분류하고 사례적용을 강조하였다.

그러나 활용하는 목적에 따라 부족한 부분이 있다면 계속적인 관심과 조언을 수렴하여 앞으로 좋은 교재가 되도록 노력할 것입니다.

본 교재가 출간될 수 있도록 지원해 주신 JMK 사장님과 직원 여러분께 진심으로 감사드립니다.

2017년 2월

저자 일동

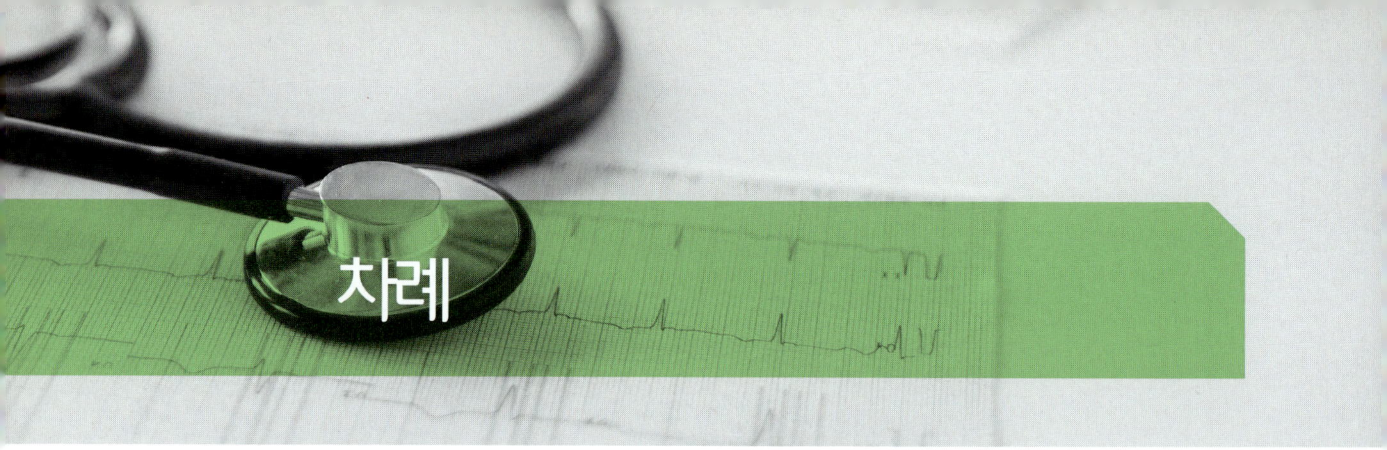

차례

Chapter 01 학교보건의 이해 1

Chapter 02 학교보건교육 11

Chapter 03 학교건강증진 27

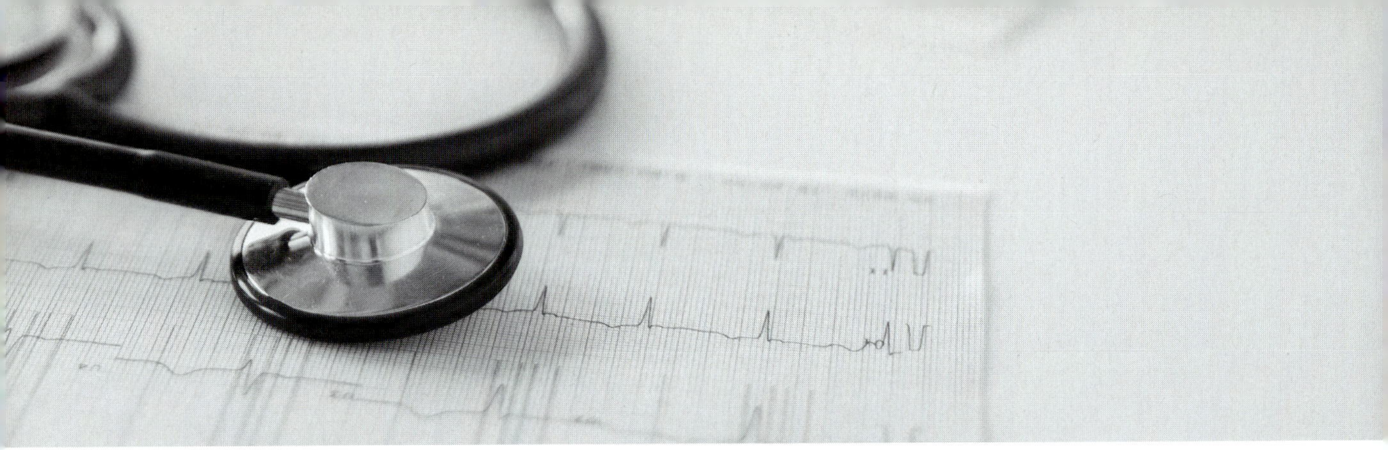

Chapter 06 학교건강문제 관리 99

Chapter 07 응급상황 관리 133

Chapter 08 학교감염병 관리 145

Chapter 09 보건실 운영 163

Chapter

01

학교보건의 이해

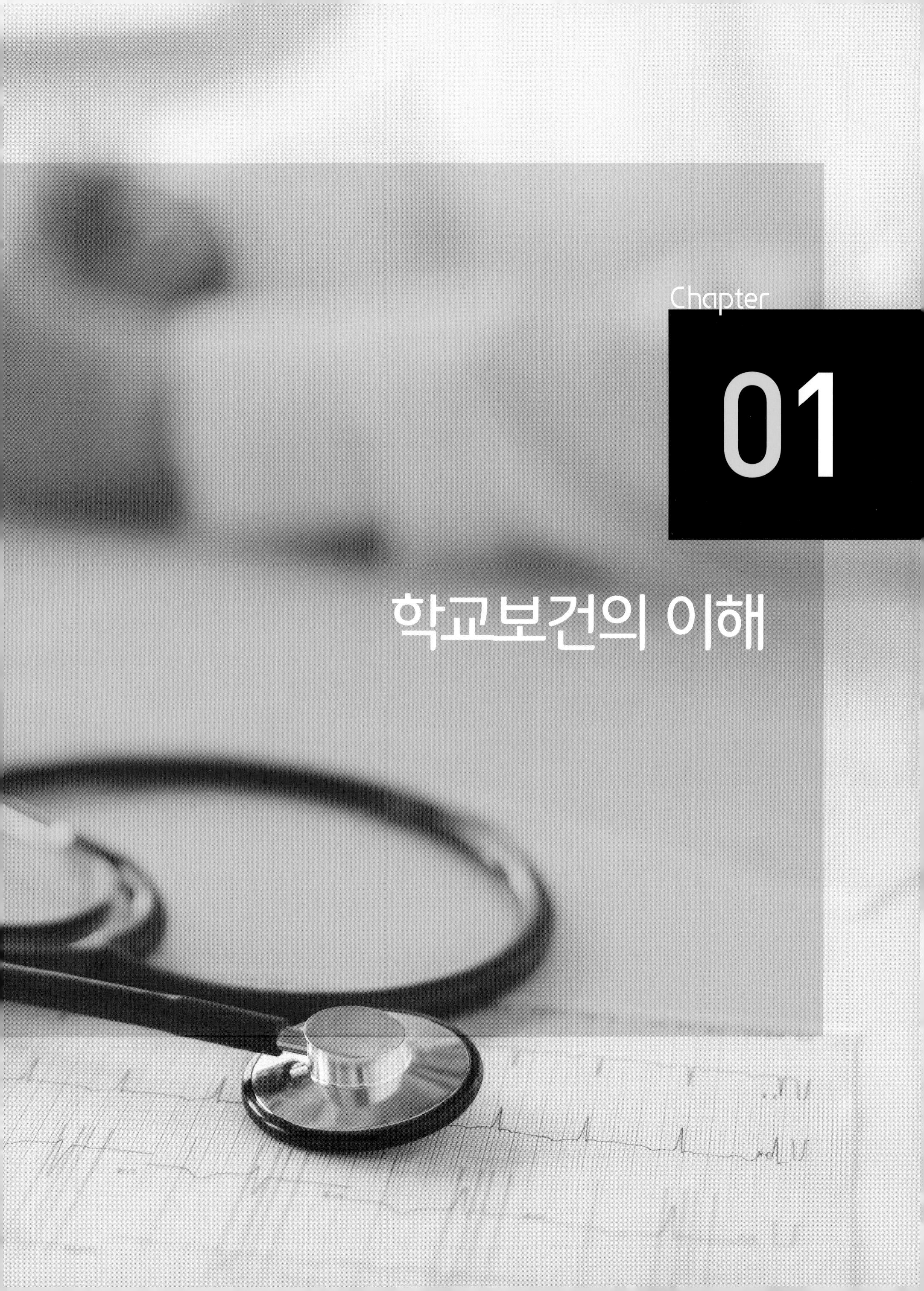

제1절 학교보건의 개념

학교보건은 지역사회보건의 한 부분으로 학교인구의 건강을 유지 · 증진뿐 아니라 건강한 학교생활을 영위하기 위하여 이루어지는 모든 보건활동이다. 즉, 학교보건의 대상자인 학생과 교직원이 건강하고 안전하게 학교에서 생활할 수 있도록 스스로 그들의 질병을 예방하고 관리하며, 건강을 보호, 유지하고 증진하기 위한 능력(자기건강관리능력)을 배양하기 위해 제공되는 모든 건강서비스와 보건교육을 포함하는 포괄적인 건강사업이다. 우리나라의 경우 학교의 간호사에게 교육법상 교원의 지위를 부여한 보건교사 제도를 두고 있다. 학교보건학이란 보건학의 한 분야로, 학교를 중심으로 지역사회의 공동노력을 통하여 학생 및 교직원의 건강을 보호 · 증진하는 학문이다.

제2절 학교보건의 목적

학교보건의 목적은 크게 2가지로 말할 수 있다.

1차 목적은 학생과 교직원이 질병을 예방 · 관리하고, 건강을 보호 · 유지 · 증진할 수 있는 능력을 배양하는 것이고, 2차 목적은 1차 목적 달성을 통해 궁극적으로 학교보건의 대상자가 건강하고 안전한 학교생활을 영위함으로써 학업성취도 향상 등 학교교육의 능률화에 기여하기 위함이다.

제3절 학교보건의 중요성

학생들이 하루일과 중 가장 많은 시간을 보내는 학교에서 학생의 건강과 안전이 매우 중요하며, 전 국민의 평생건강관리체계를 확립하기 위해서는 학교보건의 영역을 확대하여 학교-가정-지역사회를 연결하는 포괄적인 사업모형 구축이 요구된다. 왜냐하면 학령기 아동 및 청소년이 바람직한 건강습관을 기르지 못하면 결국 성인기의 건강에도 나쁜 영향을 미칠 수 있기 때문이다. 따라서 미래의 국가경쟁력인 이들이 신체적 · 정신적 · 사회적으로 건강하게 성장할 수 있도록 적극 지원해야한다.

학교보건이 중요한 구체적인 이유는 다음과 같다.

① 학교는 지역사회와 연결되어 있고, 교직원은 지역사회의 중심적 역할을 하므로 지역사회에 미치는 영향이 크다. 학교는 지역사회의 중심적인 조직이므로 학교보건사업은 학생과 교직원을 통하여 가정과 지역사회까지 그 효과를 파급할 수 있다. 따라서 전체 지역사회의 보건문제를 해결하기 위해서는 학교보건문제를 먼저 해결하는 것이 시간과 노력 측면에서 효율적이다.

② 학교보건 대상자의 건강을 효율적으로 관리할 수 있다. 학교라는 한 장소에 밀집되어 있고, 조직화가 용이하여 보건교육 및 건강증진사업을 추진하는데 유리하다.

③ 학교보건 인구가 많다. 대상자인 학생과 교직원 수는 전체 인구의 약 20% 정도를 차지한다. 그 중 학생(9~24세) 인구(2015년 961만 명)는 총인구의 19.0% 이상을 차지할 정도로 많다. 따라서 전 국민의 건강수준을 향상시키기 위해서는 먼저 학교 인구의 건강부터 향상시켜야 한다.

④ 학교인구는 단체생활을 하므로 질병발생 요인에 쉽게 영향을 받는다. 즉, 학교는 질병에 대한 감수성과 사고 발생률이 높은 연령집단으로 구성되어 있어서 감염병 발생 시 지역사회로의 전파가능성이 높다.

⑤ 학령기 및 청소년기는 행동변화가 용이한 시기로 이때 형성된 건강에 대한 올바른 신념, 태도 및 습관은 성인기 건강의 밑거름이 되므로 적은 비용으로 국민건강향상에 기여할 수 있다.

⑥ 건강증진을 위해서는 보건교육이 매우 중요한데, 학교에서는 교과과정에 통합 운영할 수 있다.

⑦ 보건교육의 대상자로 학생은 가장 능률적이다. 학생들은 배우려는 의욕이 강하여 보건교육의 학습효과가 빨리 나타나고, 배운 지식을 쉽게 생활화한다.

제4절 학교보건의 내용

학교보건은 내용에 따라 크게 학교보건서비스(school health service), 학교보건교육(school heath education), 건강한 학교환경(healthful school environment) 조성, 지역사회와의 연계 4가지로 구분할 수 있으며, 세부내용은 다음과 같다.

1. 학교보건서비스

- 건강평가
- 건강상담
- 응급처치
- 감염병 관리
- 요양호자 관리
- 비만(흡연자) 관리

2. 학교보건교육

- 보건교과 수업
- 건강상담을 통한 건강정보 제공
- 요양호자(비만, 흡연 포함) 관리를 통한 보건교육

3. 건강한 학교환경 조성

- 물리적 환경 관리
- 사회 · 심리적 환경 관리

4. 지역사회와의 연계

- 학교와 지역사회보건 및 사회관련 자원과 긴밀한 유대관계 유지
- 학부모와 지역사회, 지역사회 지도자의 인적 · 물적 자원 활용에 대한 지속적인 노력

제5절 학교보건의 인력

학교보건은 포괄적인 건강사업으로 학생과 교직원의 건강을 증진하기 위한 목적을 달성하기 위해서는 각종 지식과 기술이 요구되므로 다양한 분야의 전문가 참여가 필요하다. 학교보건 인력으로는 학교관리자, 보건교사, 복지사, 상담(교)사, 영양(교)사, 그리고 촉탁인력으로는 학교의사, 학교약사 등이 있다. 학교의사와 학교약사는 학교장이 지정하여 위촉하고 필요 시 자문 등의 지원을 받지만, 실제 학교현장에서는 학교관리자의 책임 하에 보건교사가 핵심적인 역할을 담당한다.

학생과 교직원의 건강을 유지, 관리하기 위한 학교보건의 최종 책임자는 학교장이지만 학교보건 업무를 직접 담당하는 보건교사의 역할은 매우 중요하다. 학교보건 문제는 단순히 교과로서의 「보건」이나 전문가인 보건교사의 책무만이 아니라 전체 학교교육과정 속에서 함께 다루어야 할 문제이다. 그러므로 모든 교직원은 건강의 중요성과 의의를 인식해야 하며, 나아가 학생의 건강문제를 올바르게 파악하고 이에 대한 해결방안을 강구할 수 있어야 하며, 건강을 유지 · 증진시키기 위한 지식과 능력을 갖추어야 한다.

1. 보건교사

1953년 공포된 「교육공무원법」에서 교사의 자격을 정교사(1급 · 2급), 준교사, 특수교사, 양호교사로 규정하였다. 학교간호사에게 법적으로 교사의 자격이 부여된 이래, 「초 · 중등교육법」 개정으로 2002년 8월에는 양호교사에서 보건교사로 개칭되면서 자격이 강화되었고, 교사는 정교사(1급 · 2급), 준교사, 전문상담교사(1급 · 2급), 사서교사(1급 · 2급), 실기교사, 보건교사(1급 · 2급) 및 영양교사(1급 · 2급)로 규정되어 있다.

1) 보건교사 배치기준

보건교사를 포함한 학교보건 인력의 배치기준은 「초 · 중등교육법 시행령」 및 「학교보건법 시행령」에 기준한다. 「학교보건법」의 기준은 좀 더 실제적이나, 최소한의 배치기준을 가진 상위법인 「초 · 중등교육법 시행령」을 우선적으로 적용하므로 교육현장에서 보건교사의 배치가 저조한 실정이다(표 1-1).

「학교보건법」과 「학교보건법 시행령」에 근거한 보건교사 등 학교보건 인력의 배치기준은 다음과 같다.

① 「학교보건법」 제15조 2항(2007. 12. 14. 전문개정)에 따르면 모든 학교에 제9조의2에 따른 보건교육과 학생들의 건강관리를 담당하는 보건교사를 둔다. 다만, 대통령령으로 정하는 일정 규모 이하의 학교에는 순회 보건교사를 둘 수 있다(시행일 2009. 3. 1).

② 「학교보건법 시행령」 제23조 1항(2014. 12. 09. 일부개정)에 의하면 학교보건법 제15조에 따라 학교에 다음과 같이 학교의사(치과의사 및 한의사를 포함한다. 이하 같다), 학교약사, 보건교사를 둔다.

- 18학급 이상의 초등학교에는 학교의사 1명, 학교약사 1명 및 보건교사 1명을 두고, 18학급 미만의 초등학교에는 학교의사 또는 학교약사 중 1명을 두고, 보건교사 1명을 둘 수 있다.
- 9학급 이상인 중학교와 고등학교에는 학교의사 1명, 학교약사 1명 및 보건교사 1명을 두고, 9학급 미만인 중학교와 고등학교에는 학교의사 또는 학교약사 중 1명과 보건교사 1명을 둔다.
- 대학(3개 이상의 단과대학을 두는 대학에 있어서는 단과대학), 사범대학, 교육대학, 전문대학에는 학교의사 1명 및 학교약사 1명을 둔다.
- 고등기술학교, 공민학교, 고등공민학교, 특수학교, 유치원 및 각종 학교에는 제1호부터 제3호까지에 규정된 해당 학교에 준하여 학교의사, 학교약사 및 보건교사를 둔다.

2) 보건교사 배치현황

학교에서의 학생건강관리에 필요한 전문 인력의 확보가 미흡한 실정이다(표 1-1).

표 1-1 보건교사 배치현황 (2014년 기준)

구분	초등학교	중학교	고등학교	특수학교	계
전체 학교수	5,934	3,186	2,326	166	11,612
보건교사배치 (배치율)	4,186(70.5%)	1,651(51.8%)	1,610(69.2%)	151(91.0%)	7,598(65.4%)

*연도별 추세: ('90) 64.9% → ('10) 64.6% → ('11) 65.4% → ('12) 65.5% → ('13) 64.9%
출처: 교육부(2015). 학생건강증진기본방향

3) 보건교사의 직무(학교보건법 시행령 제23조 3항)

① 학교보건계획의 수립

② 학교 환경위생의 유지 · 관리 및 개선에 관한 사항

③ 학생 및 교직원에 대한 건강진단의 준비와 실시에 관한 협조

④ 각종 질병의 예방조치 및 보건지도

⑤ 학생 및 교직원의 건강관찰과 학교의사의 건강상담, 건강평가 등의 실시에 대한 협조

⑥ 신체가 허약한 학생에 대한 보건지도

⑦ 보건지도를 위한 학생 가정방문

⑧ 교사의 보건교육 협조와 필요시의 보건교육

⑨ 보건실의 시설, 설비 및 약품 등의 관리

⑩ 보건교육자료의 수집 · 관리

⑪ 학생건강기록부의 관리

⑫ 다음의 의료행위(간호사 면허를 가진 사람만 해당한다)

1. 외상 등 흔히 볼 수 있는 환자의 치료, 응급을 요하는 자에 대한 응급처치
2. 부상과 질병의 악화를 방지하기 위한 처치
3. 건강진단결과 발견된 질병자의 요양지도 및 관리
4. 1부터 4까지의 의료행위에 따르는 의약품의 투여

⑬ 그 밖에 학교의 보건관리

2. 학교의사, 학교약사

학교보건법 제15조 1항(2012. 1. 26. 개정)에 따라 학교에는 대통령령으로 정하는 바에 따라 학생과 교직원의 건강관리를 지원하는 「의료법」 제2조제1항에 따른 의료인과 「약사법」 제2조제2호에 따른 약사를 둘 수 있다. 학교의사, 학교약사는 면허가 있는 사람 중에서 학교장이 위촉한다.(학교보건법 시행령 제23조 2항)

1) 학교의사 직무(학교보건법 시행령 제23조 3항)

① 학교보건계획 수립에 관한 자문

② 학교 환경위생의 유지 · 관리 및 개선에 관한 자문

③ 학생과 교직원의 건강진단과 건강평가

④ 각종 질병의 예방처치 및 보건지도

⑤ 학생 및 교직원 건강상담

⑥ 그 밖에 학교보건관리에 관한 지도

2) 학교약사 직무(학교보건법 시행령 제23조 3항)

① 학교보건계획의 수립에 관한 자문

② 학교 환경위생의 유지 · 관리 및 개선에 관한 자문

③ 학교에서 사용하는 의약품 및 독극물의 관리에 관한 자문

④ 학교에서 사용하는 의약품 및 독극물의 실험 · 검사

⑤ 그 밖에 학교보건관리에 관한 지도

제6절 학교보건관련 법률

우리나라 학교보건사업은 여러 법의 범위 내에서 이루어지고 있다. 「학교보건법」을 비롯하여 「학교건강검사규칙」, 「감염병의 예방 및 관리에 관한 법률」, 「교육기본법」, 「초 · 중등교육법」, 「헌법」 등을 들 수 있다. 관련법규를 구체적으로 살펴보면 다음과 같다.

1. 학교보건법(2013. 12. 30. 일부개정)

「학교보건법」 제1조에 따르면 이 법은 학교의 보건관리와 환경위생 정화에 필요한 사항을 규정하여 학생과 교직원의 건강을 보호 · 증진함을 목적으로 한다. [전문개정 2007.12.14]

1) 학교의사, 학교약사 및 보건교사 배치

「학교보건법」 제15조에 학교보건인력의 배치에 대해 명시되어있다.

「학교보건법」 제15조 (학교에 두는 의료인 · 약사 및 보건교사)

① 학교에는 대통령령으로 정하는 바에 따라 학생과 교직원의 건강관리를 지원하는 「의료법」 제2조제1항에 따른 의료인과 「약사법」 제2조제2호에 따른

약사를 둘 수 있다. [개정 2012.1.26] [시행일 2012.7.27]

② 모든 학교에는 제9조의2에 따른 보건교육과 학생들의 건강관리를 담당하는 보건교사를 둔다. 다만, 대통령령으로 정하는 일정 규모 이하의 학교에는 순회 보건교사를 둘 수 있다. [시행일 2009.3.1]

2) 학교보건위원회

학교보건위원회의 설치는 「학교보건법」 제17조에 나와 있고, 그 구성 및 기능 등 세부적인 내용은 「학교보건법 시행령」 제24조와 제25조에 명시되어 있다.

「학교보건법」 제17조에 따르면 「학교보건법」 제2조의2에 따른 기본계획 및 학교보건의 중요시책을 심의하기 위하여 교육감 소속으로 시 · 도학교보건위원회를 두며, 시 · 도학교보건위원회는 학교의 보건에 경험이 있는 15명 이내의 위원으로 구성하며, 기능 · 운영과 그 밖에 필요한 사항은 대통령령으로 정한다. [개정 2012.1.26] [시행일 2012.7.27]

2. 학교건강검사규칙

이 규칙은 「학교보건법」 제7조 및 제7조의3의 규정에 의하여 학교 건강검사의 실시 및 그 결과의 기록에 관하여 필요한 사항을 규정함을 목적으로 한다. 〈개정 2006.1.10.〉

학교의 장은 「학교보건법」(이하 "법"이라 한다) 제7조의 규정에 의한 건강검사를 원활하게 실시하기 위하여 건강검사에 필요한 소요예산을 포함한 구체적인 건강검사 실시계획을 매년 3월말까지 수립하여야 한다.

3. 감염병의 예방 및 관리에 관한 법률

이 법은 국민 건강에 위해(危害)가 되는 감염병의 발생과 유행을 방지하고, 그 예방 및 관리를 위하여 필요한 사항을 규정함으로써 국민 건강의 증진 및 유지에 이바지함을 목적으로 한다. 아울러 감염병 예방조치, 법정 감염병 발생 시 신고와 보고체계 등 학교 및 보건당국의 조치사항을 명시하여 학교감염병 관리를 실시하도록 하였다.

4. 초 · 중등교육법

1) 보건교사의 자격

「초 · 중등교육법」 제21조(교원의 자격)에 따르면 보건교사(1급 · 2급)는 「별표 2」의 자격 기준에 해당하는 사람으로서 대통령령으로 정하는 바에 따라 교육부장관이 검정 · 수여하는 자격증을 받은 사람이어야 한다. 〈개정 2013.3.23.〉

보건교사 2급 자격은 대학 · 산업대학의 간호학과를 졸업한 사람으로서 재학 중 일정한 교직학점을 취득하고 간호사 면허증을 가진 사람 또는 전문대학의 간호과를 졸업한 사람으로서 재학 중 일정한 교직학점을 취득하고 간호사 면허증을 가진 사람이어야 한다.

보건교사 1급 자격은 보건교사(2급) 자격증을 가진 사람으로서 3년 이상의 보건교사 경력을 가지고 자격연수를 받은 사람이다.

5. 교육기본법

「교육기본법」 제13조 1항에 따르면 부모 등 보호자는 보호하는 자녀 또는 아동이 바른 인성을 가지고 건강하게 성장하도록 교육할 권리와 책임을 가진다. 「교육기본법」 제27조 1항에 따르면 국가와 지방자치단체는 학생과 교직원의 건강 및 복지를 증진하기 위하여 필요한 시책을 수립 · 실시하여야 한다.

6. 헌법

「헌법」 제35조에 1항에 따르면 모든 국민은 건강하고 쾌적한 환경에서 생활할 권리를 가지며, 국가와 국민은 환경보전을 위하여 노력하여야 한다. 「헌법」 제36조 3항에 따르면 모든 국민은 보건에 관하여 국가의 보호를 받는다.

Chapter

02

학교보건교육

청소년기는 신체적, 정신적, 사회적으로 급격한 변화와 성장을 겪는 시기로, 이 시기에 경험할 수 있는 질병, 약물, 흡연 · 음주, 성문제, 스트레스, 안전사고 등 다양한 건강위험요인과 사회 · 문화적 유해환경에 능동적으로 대처하기 위해서는 건강 유지 · 증진에 필요한 지식, 태도, 기능 및 건강생활기술의 습득을 포함하여 건강관리능력을 길러야한다.

보건교육은 건강의 가치를 이해하고, 올바른 건강지식과 자원에 체계적으로 접근하며, 일상생활에서 건강생활을 실천하고 건강관리능력을 증진시킴으로써, 궁극적으로 개인과 공동체의 건강 및 삶의 질을 향상시키기 위한 목적이다. 이를 위해 보건과목은 건강을 권리와 책임으로 이해하여 건강한 성장과 발달을 지향하고, 참여와 옹호, 소통과 배려를 바탕으로 건강에 유익한 선택을 하며, 건강증진을 위한 사회 · 문화적 환경을 조성하는 등의 건강핵심역량을 함양하는 데 중점을 둔다. 즉, 건강에 대한 다양한 관점 및 영향요인을 이해하고, 건강의식 및 태도를 바탕으로 실천하며, 자신과 공동체의 건강에 대한 비판적 · 창조적인 사고를 가지는 한편, 건강 정보 · 자원의 활용과 건강증진활동에의 참여를 통해 개인과 사회의 균형과 조화를 추구하고 건강한 민주시민의 일원이 되도록 하는 데 기여한다.

제1절 학교보건교육의 이해

1. 학교보건교육의 개념

보건교육 및 학교보건교육의 개념은 시대에 따라 학자들마다 다양하게 정의되어 왔다.

- Ruth Grout: 보건교육이란 우리들이 알고 있는 건강지식을 교육수단을 통해 개인 또는 지역사회가 바람직한 행동으로 바꿔가는 것이다.
- Kaplan: 학교보건교육이란 학생 개인이나 학교 전체의 건강과 관련된 지식, 태도, 행위에 바람직한 영향을 주도록 학습경험을 제공하는 것이다.
- Bruess 등: 학교보건교육은 학생 개인과 집단의 흥미와 요구에 따라 그들의 지식과 태도에 영향을 주기 위해 학습경험을 제공하는 과정이다.

• 미국 미니에폴리스지역사회 보건교육연구위원회(1981): 학교보건교육은 학생들이 긍정적인 건강행위를 채택하고 적용하도록 돕는 과정들과 경험들의 집합

• 일부학자: 학교보건교육을 학교보건사업 전체를 포괄하는 넓은 의미의 개념으로 정의하기도 한다. 즉, 학교보건교육은 학교급식을 포함한 학생 및 교직원의 건강관리, 보건교육, 환경보건과 안전에 대한 교육을 통해 학생 및 교직원의 건강관리 능력을 개발하는 것을 목적으로 한다.

2. 학교보건교육의 목적

학생 스스로 건강을 유지 · 증진시킬 수 있는 건강행위의 실천을 통해 건강한 학교생활을 영위하는 것은 물론, 심신이 건강한 미래 사회의 구성원으로 성장하도록 한다.

3. 학교보건교육의 목표

건강의 가치와 올바른 건강인식을 바탕으로 일상생활에서 건강한 선택을 할 수 있는 능력을 익히고 실천하며, 건강한 사회 · 문화의 가치 · 태도를 수용하고 개선할 수 있는 공동체 건강의식의 함양에 중점을 둔다.

① 건강의 개념, 중요성을 이해하고, 건강에 대한 바른 지식을 가지며, 건강한 생활습관을 지닌다.

② 생활 속에서 건강한 선택을 하고 적절한 건강생활기술을 익혀 건강관리능력을 함양한다.

③ 생활 속에서 위험요인을 예측하여 안전하게 생활하고, 적절한 응급처치기술을 익혀 안전을 생활화하는 태도를 기른다.

④ 건강을 권리와 책임으로 이해하여 정보와 자원을 활용하고, 건강과 사회 · 문화의 관계 및 가치를 수용할 수 있는 능력을 기른다.

4. 학교보건교육의 중요성

최근에 청소년들의 ADHD, 틱, 우울, 자살 등의 정신건강 문제뿐 아니라 흡연, 음주 등의 약물 오 · 남용 문제, 성희롱 · 성폭력 · 성매매 등 성적인 문제 등

아주 많은 건강관련 문제들이 빈번하게 발생하여 사회적인 이슈로까지 확산되고 있는 실정이다. 또한 학생들의 상병구조가 만성질환 중심으로 변화하고, 개인의 건강 생활습관 실천이 건강증진의 중요한 요인으로 대두되어 어느 때보다도 학생들에 대한 보건교육이 절실하게 요구된다. 아울러 학교보건교육은 다음과 같은 이유로 중요하게 평가받고 있다.

① 초 · 중 · 고등학교 시기는 모든 생활습관이 형성되고, 성장발달이 왕성한 시기이기 때문에 이때 습득한 건강지식과 태도는 습관화와 생활화로의 전환이 용이하여, 일생 동안 영향을 미치게 된다.

② 학교는 대상자가 한 곳에 모여 있어 교육기회를 활용하기 용이하고, 교육과정을 통해 보건교육의 효율성을 높일 수 있어 비용대비 효과적이다.

③ 학생인구는 전체 국민의 1/4을 차지하므로 이들이 건강하면 국가의 건강기반이 확고해지고, 이는 국민전체의 건강증진에 중요한 영향을 끼친다.

④ 학교는 사회의 중심적인 역할을 하므로 학교보건교육을 통해 획득한 건강관리능력은 가정과 지역사회로의 파급효과가 커서 국가전체 건강증진에 기여한다.

5. 학교보건교육의 법적근거

다음과 같이 법적 근거가 있으나 현실적으로 학교현장에서는 제대로 실시되지 못하고 있는 실정이다. 왜냐하면 중 · 고등학교의 경우 2010학년도부터 선택과목으로 변경되어 전국에 실시하는 학교가 매우 드물고, 초등학교는 학교마다 사정이 달라서 17차시를 다 하지 못하는 학교도 많은 형편이다.

1) 학교보건법

• 제9조(학생의 보건관리): 학교의 장은 신체발달 및 체력증진, 질병의 치료와 예방, 음주 · 흡연과 약물 오용 남용의 예방, 성교육, 정신건강 증진 등을 위하여 보건교육을 실시하고 필요한 조치를 하여야 한다.

• 제9조의2(보건교육 등)

① 교육부장관은「초 · 중등교육법」제2조에 따른 학교에서 모든 학생들을 대상으로 심폐소생술 등 응급처치에 관한 교육을 포함한 보건교육을 체계적으로 실시하여야 한다. 이 경우 보건교육의 실시 시간, 도서 등 그 운영에 필

요한 사항은 교육부장관이 정한다.

② 「초 · 중등교육법」 제2조에 따른 학교의 장은 교육부령으로 정하는 바에 따라 교직원을 대상으로 심폐소생술 등 응급처치에 관한 교육을 실시하여야 한다.

2) 국민건강증진법 제12조(보건교육의 실시 등)

3) 응급의료에 관한 법률 제4조(응급의료에 관한 알 권리)

제2절 학교보건교육의 계획

학교보건교육의 계획은 일반적으로 다음과 같은 단계로 이루어진다. 먼저 대상자들의 교육요구를 사정하고, 사정 결과에 따라 보건교육을 계획하고, 계획안에 따라 보건교육을 수행하고, 마지막으로 평가의 단계로 이루어진다.

1. 학교보건교육의 요구 사정

1) 보건교육 계획 시 가장 먼저 해야 할 일

보건교육을 계획할 때 가장 먼저 해야 할 일은 교육대상의 교육요구를 사정하는 것이다. 올바르지 못한 건강 관련 지식이나 생활습관이 있는지, 해결해야 될 건강문제가 무엇인지 사정한다.

2) 자료수집 내용

① 학생 및 교직원의 일반적 특성

② 학생 및 교직원의 건강상태

③ 대상자의 건강행위

④ 학교 내 물리적 환경

⑤ 학교주변 환경

⑥ 사회적 환경

⑦ 자원 및 학교보건 대상자 간의 상호작용

2. 학교보건교육의 목표 설정

보건교육의 목표는 보건교육이 의도하는 성과로서 보건교육 계획을 수립하고 평가하기 위한 기준이 되기 때문에 매우 중요하다. 목표는 학자에 따라 다양하게 분류된다.

1) 학습목표

학습 결과 학습자가 도달해야 하는 수준, 즉 바람직한 지식, 태도, 행위의 변화

2) 학습목표의 구성요소

학습 대상, 교육내용, 학습자의 변화를 알 수 있는 기준이나 조건, 교육 후 학습자에게 기대하는 행동의 요소로 구성

3) 학습목표의 분류(Bloom, 1956)

① 인지적 영역: 6단계의 지적능력(암기, 이해, 적용, 분석, 조합, 평가)을 증진시키는 부분

② 정의적 영역: 인간의 태도, 느낌, 감정 등을 변화시키는 부분

③ 심동적 영역: 인간의 기술적 능력을 변화시키는 부분

4) 학습목표의 분류 및 작성요령(예: 흡연과 건강)

① 일반적 학습목표: 보건교육의 결과로 이루어질 특정한 상태나 조건

- 흡연이 인체에 미치는 영향을 알고 적절한 금연방법을 선택하여 실천할 수 있다.
- 흡연을 권유하는 상황에서 거절하는 방법을 실천할 수 있다.

② 구체적 학습목표: 일반적 학습목표를 달성하기 위한 종속적이고 세부적인 목표

- 흡연이 인체에 미치는 영향을 2가지 이상 설명할 수 있다.
- 금연방법을 2가지 이상 설명할 수 있다.
- 적절한 금연방법을 선택하여 스스로 실천할 수 있다.

3. 학교보건교육의 계획 수립

목표달성을 위해 언제, 어디서, 누가, 무엇을 이용하여 보건교육을 수행할 것

인지 구체적인 계획을 세우고, 연간, 월간, 주간으로 나누어 세부적으로 작성한다. 즉, 학습내용, 교육방법, 교육매체, 교육장소 등을 선정하고, 교육시간을 배정한다. 교수–학습지도안을 작성하는 것이다.

1) 학습내용의 선정

학생의 건강기록 결과 분석, 학생 관찰 결과, 학생의 지식 · 태도 · 습관에 대한 설문이나 문진 결과, 학부모 · 교사 · 학생 상담 결과, 학생의 취미 · 관심조사 결과, 문헌고찰 결과, 지역사회의 건강에 관한 연구 결과 등을 참고로 하여 대상자 요구에 맞게 학습내용을 선정한다.

2) 교육방법 선정

① 교육대상의 연령, 교육인원, 교육자원, 재원 등을 충분히 고려한 보건교육 방법을 선정

② 교육방법 계획 시 고려사항(교육과학기술부 지침)

표 2-1 학교보건교육의 주요 주제영역

기준	내용
발육발달	신체구조와 기능, 각 구조와 기능의 상호관련성, 출생에서 사망까지의 신체구조와 기능의 변화, 건강상태와의 관련성 등
정신보건	긍정적 자아개념, 성격, 정서적 안정, 책임감, 동기, 독립성, 정신질환, 스트레스에 대한 대처, 정신건강서비스 등
보건영양	기초식품군, 영양소, 적절한 식습관, 다양한 식품섭취의 필요성, 친구 · 가족 · 문화 · 대중매체가 식습관에 미치는 영향, 생애주기별 영양관리, 질병치료를 위한 영양관리, 약물과 식품의 상호작용, 식품알레르기, 인공첨가제, 식이장애, 체중관리 등
가족보건	가족과 사회구성원으로서 개인의 다양한 역할과 생활양식, 생애주기별 책임감과 권리의 변화, 성적인 변화, 인간관계 등
안전과 사고예방	일상생활에서의 위험 인지 및 사고예방 교육, 안전행동 습관, 구급처치 기술, 비상사태 대처법 등
질병의 예방과 관리	주요 만성질환, 전염성질환의 발생에 기여하는 요인, 질병의 예방, 조기발견과 치료 등
소비자 보건	건강서비스, 건강상품, 건강정보의 선택과 활용에 영향을 주는 요인, 선택과 사용 기준 설정 및 활용 등
약물사용과 남용	보편적으로 사용되는 약물의 사용실태, 술, 담배, 일반 약품, 불법약품, 등의 사용과 남용
환경보건	인체에 영향을 미치는 환경요인들의 발생원인, 결과, 대처방안 등
지역사회 보건	개인적 책임감, 건강한 학교 · 가정 · 지역사회 환경, 지역사회 보건자원 및 시설, 건강 관련 단체 및 기관, 산업보건, 자연재해, 건강증진을 위한 공동체적 노력 등

출처: Ames EE. Designing School Health Curriculum: Planning for Good Health. Wm. C. Brown, 1992.

- 교사 중심의 한 방향 의사소통식 수업 탈피 → 학생 중심의 쌍방향 의사소통 중심 수업
- 강의, 집단토의, 버즈학습, 브레인스토밍, 시범, 역할극, 상담, 견학 등 다양한 방법 활용
- 전체학습, 소집단 학습, 개별학습 등의 학습조직을 융통성 있게 활용
- 건강습관이 형성되도록 가정과 연계해서 지도
- 지역사회와 연계한 체험학습이나 지역사회 보건전문가와 협력수업 실시
- 학교와 지역사회의 특수성, 행사, 계절별 질병 발생상황 등을 고려하여 탄력적으로 운영

3) 교육매체의 선정

- 교육매체는 학습과정에서 교사가 학습자에게 학습내용을 전달하는 수단을 말한다.
- 교육매체는 교수자와 학습자간의 학습에 필요한 의사소통을 도와주는 다양한 형태의 매개수단 또는 제반체제로서 교육목표를 효과적이고 매력적인 방법으로 달성할 수 있도록 도와주는 역할을 한다.
- 교육내용과 교육방법을 고려하여 선정하는 것이 중요하다.

4) 교육시간 배정

교육목표를 달성하기 위해 적절한 시간이 배정되도록 한다. 언제 보건교육을 할 것인지, 각각의 교육내용에 어느 정도의 시간을 투입할 것인지 총 교육시간은 어느 정도가 적당한지 계획한다.

4. 학교보건교육의 평가계획

학교보건교육을 실시하기 전에 평가에 대한 계획도 수립해야 한다. 평가계획에는 언제(평가시기), 누가(평가자), 어떻게(평가방법), 무엇을(평가내용), 어떤 범위(평가범주)로 평가할 것인가를 포함되어야 한다.

5. 학교보건교육의 수행

학교보건교육은 보건교과에서의 보건교육, 관련교과에서의 보건교육, 생활 보

건교육 등으로 시행되고 있다. 그리고 교육방법으로는 개인지도, 집단지도, 매체활용, 가정통신문 및 가정방문이 있다.

1) 보건교과 보건교육

- 2015년도 교육부에서 고시한 교육과정은 건강의 이해와 질병예방, 생활 속의 건강한 선택, 응급처치, 건강자원과 사회문화 등 4가지 영역으로 구성되어 있다(표 2-2).
- 중 · 고등학교의 경우 급별에 따라 각 영역별로 2~5가지 내용으로 구성되어 있다.

표 2-2 보건교과 교육과정(교육부, 2015)

영역	핵심개념	중학교 내용요소	고등학교 내용요소
건강의 이해와 질병예방	건강증진	• 건강의 중요성 • 건강 평가	• 건강 영향 요인 • 건강 지표 평가
	생활주기	• 건강한 생활주기	• 건강한 생애주기
	질병예방	• 생활습관과 질병 • 유행성 감염병 • 신체기관별 건강관리	• 비만, 암 등 만성질환 • 신체기관별 건강 • 감염병 예방관리
생활 속의 건강한 선택	약물 · 담배 · 술	• 의약품의 안전한 선택 • 흡연 · 음주 예방과 대처	• 약물 오 · 남용 예방 • 흡연 · 음주 폐해와 건강한 선택
	성 건강	• 청소년의 성적발달 • 이성교제와 성역할 • 임신 · 출산과 피임 • 음란물과 성 상품화 • 성폭력 · 성매매	• 섹슈얼리티 • 사랑 · 성적 자기결정권 • 성희롱 · 성폭력 · 성매매와 성문화 • 성매개 감염병 • 준비된 임신, 피임, 출산, 미혼모
	정서 · 정신 건강	• 자아존중감 증진 • 스트레스와 과몰입 • 분노 · 충동 등 감정수용과 조절 • 죽음과 상실	• 자아존중감과 회복탄력성 • 불안 · 우울 등의 감정대처 • 자살과 위기관리 • 정신건강문제와 편견
	건강생활 기술	• 건강의사소통기술 (주장, 거절, 공감하기) • 건강의사결정 • 건강증진 옹호활동(개인과 지역사회)	• 건강의사소통기술 (협상, 거절, 갈등관리) • 공동체 건강 의사결정 • 건강증진 옹호(국가와 세계)
응급처치	생활안전	• 건강 · 안전 위험요인 예측과 안전문화 운동 • 따돌림, 학대, 폭력 • 직업병 이해와 예방	• 건강 · 안전 위험요인 평가와 안전문화 운동 • 차별 · 학대 · 폭력 • 직업병의 예방 · 대처
	응급처치	• 생활 속의 응급처치 • 심폐소생술과 자동제세 동기	• 생활 속의 응급처치 • 심폐소생술과 자동제세동기 • 구조 활동

표 2-2 보건교과 교육과정(교육부, 2015) (계속)

영역	핵심개념	중학교 내용요소	고등학교 내용요소
건강자원과 사회문화	건강권과 건강자원	• 건강권과 책임(개인, 지역사회) • 건강 정보 · 자원 활용	• 건강권과 책임(국가와 국제) • 건강윤리, 건강격차 • 보건의료서비스와 의료보장제도
	건강문화	• 유행 · 미디어와 건강 • 또래 · 가족문화와 건강 • 장애인, 다문화가족 등 사회적 소수자 · 약자와 건강	• 건강신념 · 관행 · 미디어 • 헌혈과 장기기증, 장례문화 • 문화적 다양성과 건강

출처: 교육부(2015). 교육부 고시 제2015-74호

2) 관련교과 보건교육

보건교사가 정기적인 수업을 실시하지 못하는 경우 도덕, 사회, 가정, 과학, 체육 등 보건교육과 관련 있는 교과목 시간에 담당교사가 교육을 실시한다(표 2-3).

표 2-3 관련교과 보건교육 계획(예시-중학교 1학년)

학년	교육 내용	횟수	교과(횟수)	교육 방법
1학년	약물과 기호품	6/27	체육(27)	강의 시청각
	건강활동이 성에 미치는 영향	3/27		
	환경오염이 성에 미치는 영향	3/27		
	안전	7/27		
	응급처치	8/27		
	청소년의 성적 특성	2/10	가정(10)	강의 시청각
	2차성징과 임신, 출산	2/10		
	청소년의 친구관계와 이성교제	2/10		
	고카페인 식품 폐해 및 예방	4/10		
	성과 사랑에 대한 올바른 인식	2/8	도덕(8)	강의 시청각
	이성 친구와의 바람직한 관계와 예절	2/8		
	양성평등의 도덕적 의미와 실천	2/8		
	대중교통 안전	2/8		
	사회화와 청소년기의 특징	3/9	사회(9)	강의 시청각
	사회적 지위와 역할	3/9		
	사회 재난	3/9		

표 2-3 관련교과 보건교육 계획(예시-중학교 1학년) (계속)

학년	교육 내용	횟수	교과(횟수)	교육 방법
1학년	생물을 이루는 기본 단위, 세포	2/10	과학(10)	강의 시청각
	체계적으로 구성된 식물의 몸	1/10		
	물과 무기양분을 흡수하는 뿌리	1/10		
	물과 양분을 운반하는 줄기	1/10		
	양분을 만들고 물이 증발하는 잎	1/10		
	생활 안전	3/10		
	재난 안전	1/10		
	성희롱 · 성폭력 · 성매매 예방교육	3/3	자율활동(3)	강의 시청각
	총 67 회			

3) 생활 보건교육

① 생활 보건교육은 학생들이 일상적인 학교생활을 하면서 간접적으로 받게 되는 보건교육이다.

② 생활 보건교육은 교육의 대상, 내용, 시기가 그것을 필요로 하는 상황에 맞게 실시하는 것으로 학생 스스로 자기건강관리를 생활화하도록 태도를 변화시키는 데 주목적이 있다.

③ 생활 보건교육은 다음과 같은 경우에 실시한다.

- 각종 병리검사 실시 전의 경우: 결핵감염 여부 검사, 소변검사 등 각종 병리검사 실시 전 교육을 통해 그 질환의 발생요인, 감염경로, 예방법, 조기진단 및 조기치료의 중요성을 교육한다.
- 혈액, 소변, 결핵 등 건강검진 결과 질환이 의심되는 경우: 개별적인 상담을 통해 적절한 질병관리가 이루어지도록 한다.
- 계절과 관계되는 감염병이 발생한 경우: 유행성눈병, 가을철감염병, 인플루엔자 등 계절과 관계되는 질병 발생 시 또는 질병발생이 예상되는 지역에서 예방과 치료에 대한 교육을 실시한다.
- 구강, 시력검사 시 유소견이 발견된 경우: 관리방법 및 병원진료 등에 대해 지도한다.
- 안전사고 발생위험이 있을 경우: 사고예방에 대한 기본교육을 즉시 실시

하고, 사고발생요인을 신속히 파악하여 미연에 사고를 방지하며, 사고발생 시는 그것을 사례로 보건교육을 실시한다.

④ 생활 보건교육의 방법

■ 개인지도

학생과 직접 접촉하는 교사, 보건교사, 학교의 장소가 공식적이든 비공식적이든 학생과 개별적으로 만나 건강과 관련된 지식, 태도, 행위실천에 대해 개별 면담이나 상담을 통해 교육을 실시한다.

■ 집단지도

학교의 보건교사, 담임교사, 교과교사 또는 외부전문가를 초빙하여 학생들에게 필요한 내용을 교육한다.

■ 매체활용

간접교육으로 비디오, 교내방송, 학교 홈페이지, 포스터, 표어, 벽보판, 게시판, 리플렛, 유인물, 유선전화, 문자 등을 활용하여 보건교육을 실시한다.

■ 가정통신문

보건실 방문학생 중 증상이 지속될 경우 증상, 투약상태, 병원진료에 관한 사항을 기재하여 가정으로 발송한다.

6. 학교보건교육의 평가

학교보건교육 프로그램을 계획하여 실시한 다음에 계획자나 교육담당자가 보건교육이 계획한 대로 실시되었는지, 얼마나 효과가 있었는지, 정해진 목표까지 도달하였는지 등을 판단하기 위해 행해지는 일련의 과정이다. 평가는 그것 자체가 끝이 아니고 목표에 대한 수단이며, 초기 계획단계에서부터 활동이 끝날 때까지 보건교육 전 과정 속에서 이루어져야 한다.

1) 영역별 평가방법

보건교육을 실시하는 교육자는 평가영역별 적절한 방법으로 평가를 수행해야 한다. 이때 가장 중요한 것은 평가도구의 타당성, 신뢰성이 유지되는 것이다.

① 지식을 측정하는 인지적 영역의 평가: 필기시험, 관찰도구, 구두질문 등으로 측정

② 태도를 측정하는 정의적 영역의 평가: 질문지, 관찰, 태도 척도 등으로 측정

③ 기술을 측정하는 심리 · 운동적 영역의 평가: 직접관찰, 실기시험 등으로 측정

제3절 학교보건교육의 실제

1. 흡연예방교육 계획안(예시)

1) 단원명: 흡연과 건강

2) 단원의 중요성

흡연은 건강에 미치는 영향이 비흡연자에 비해 흡연자의 피해가 훨씬 크기 때문이다.

3) 단원의 지도방안

- 담배의 유해성분과 흡연이 건강에 미치는 영향에 대하여 충분히 인식시켜 단순한 호기심이나 친구의 권유로 흡연을 시작하는 일이 없도록 한다.
- 흡연자로 인한 비흡연자의 간접흡연에 대한 피해를 알게 한다.
- 흡연의 유혹으로부터 자신을 보호할 수 있는 확고한 태도를 기르게 한다.
- 자신에게 맞는 적절한 금연 계획을 수립하여 실천하도록 한다.

4) 단원의 목표

- 담배 속의 유해물질을 안다.
- 흡연이 인체에 미치는 영향에 대해 알 수 있다.
- 흡연이 청소년에게 미치는 피해에 대해 3가지 이상 설명할 수 있다.
- 흡연이 여성 건강에 미치는 영향에 대해 설명할 수 있다.
- 간접흡연의 피해를 알고 비흡연자로서 나의 권리를 말할 수 있다.
- 금연을 해야 하는 이유에 대해 설명할 수 있다.
- 금연 방법에 대해 설명할 수 있다.

5) 단원의 지도계획

차시	주 제	주 요 내 용	학습자료
1	담배의 유해성	▷ 담배의 유해 성분 ▷ 흡연이 건강에 미치는 영향	파워포인트 학습지
2	청소년 흡연 및 여성 흡연과 건강	▷ 청소년기 흡연의 문제점 ▷ 여성 흡연의 문제점 ▷ 담배광고의 허구성	파워포인트
3	간전흡연과 흡연 유혹 거절하기	▷ 간접흡연의 폐해 ▷ 흡연의 유혹을 거절하는 법	파워포인트
4	금연방법–금연의 시작과 유지	▷ 금연해야 하는 이유 ▷ 금연을 위한 방법	파워포인트 학습지

출처: 대구광역시교육청(2008). 2008년도 흡연예방 및 금연교육 자료집.

6) 지도상의 유의점

- 담배는 기호품만이 아니라 중추신경 흥분작용을 하는 중독성이 강한 약물임을 강조한다.
- 시각적 효과를 주는 사진, 병에 걸린 사람의 이야기 등을 통해 흡연의 폐해를 깊이 인식할 수 있도록 한다.
- 담배의 해로움을 스스로 생각할 수 있게 한다.
- 성장기 청소년의 조기흡연과 여성흡연이 더 해로움을 강조한다.
- 비흡연자로서의 당당한 권리행사의 중요성을 강조한다.
- 흡연의 유혹을 받을 경우 자신감 있게 "NO"라고 말할 수 있는 선의 중요성을 강조한다.
- 미래의 목표를 세우고, 현재 결정한 내용이 미래에 어떤 결과를 낳을 것인지 생각하게 한다.

7) 교수 – 학습 과정(안)

<table>
<tr><td rowspan="2">본시
주제</td><td rowspan="2">담배의 유해성</td><td>대 상</td><td>중 · 고등학생</td><td>차시</td><td>1/3</td></tr>
<tr><td>학습형태</td><td>강의, 토론</td><td>시간</td><td></td></tr>
<tr><td>학습
목표</td><td colspan="5">1. 담배 속의 유해물질을 두 가지 이상 말할 수 있다.
2. 흡연이 인체에 미치는 영향에 대해 설명할 수 있다.</td></tr>
<tr><td>자료 및
준비물</td><td colspan="5">컴퓨터, 프로젝션 TV, 프리젠테이션 자료, 학습지</td></tr>
<tr><td>활동
과정(시간)</td><td colspan="4">교수–학습 활동 내용</td><td>학습자료 및
유의점</td></tr>
<tr><td>도입
(5분)</td><td colspan="4">▣ 학습동기유발
– 흡연과 관련된 장면을 몇 가지 연상시켜주고, 가족이나 친척 중 흡연을 하는 분들에 대해 이야기하기

▣ 학습문제 제시 및 활동내용 안내
– 학습목표를 제시하면서 학습활동내용을 간략히 소개하고 학습주제를 명확히 한다.</td><td>PPT
학습지
친구나 가족에 대해 심하게 이야기하지 않도록 유의</td></tr>
<tr><td>활동
과정(시간)</td><td colspan="4">교수–학습 활동 내용</td><td>학습자료 및
유의점</td></tr>
<tr><td>전개
(30분)</td><td colspan="4">▣ 학습활동 안내

〈활동1〉 '담배'하면 생각나는 것 말하기
– 외형상 생각나는 말: 길다, 둥그렇다…
– 건강과 관계되는 말: 암, 폐, 기침…
– '담배'하면 생각나는 사람: 아버지, 할아버지, 친구…

〈활동2〉 담배에 들어있는 유해성분 알기
– 담배란?
– 담배의 성분 및 발암물질: 담배연기 속에는 약 4,000여종의 화학물질이 들어 있으며 그 중 약 1,200여종은 분명히 몸에 해를 주는 물질로 밝혀짐.
1) 니코틴 – 습관성, 중독성 마약, 중추신경 흥분
2) 타르 – 암 발생의 가장 중요한 요인
3) 일산화탄소 – 담배연기의 가스성분 중 가장 해로운 것
혈액의 산소운반 능력 감퇴, 저산소증 유발
조기노화현상, 기억력 감퇴
4) 다이옥신 – 환경호르몬 물질로 생식기에 영향
5) 청산가리 – 쥐약의 성분
6) 나프탈렌 – 좀약 성분
7) 아세톤 – 매니큐어 지울 때 사용
8) DDT – 살충제

〈활동3〉 흡연으로 인해 생기는 질병 알기
– 흡연으로 생기는 신체증상
1) 피로
2) 감기에 자주 걸리고 오래간다.
3) 입에서 냄새가 난다.
4) 소화가 잘 안 된다.
5) 쉽게 숨이 찬다.
6) 코가 자주 막히고 코를 곤다.
7) 가래가 많이 생기고, 기침을 자주 한다.
8) 노화</td><td>PPT
학습지</td></tr>
</table>

전개 (30분)	– 흡연으로 인하여 생기는 질병 1) 뇌졸중, 뇌출혈, 뇌경색, 집중력 저하 2) 동맥경화 3) 심근경색증 : 니코틴의 작용으로 심박동수 증가 4) 버거씨병 : 산소운반능력 감퇴로 혈액순환 장애 5) 호흡기 질환 : 기관지 점막 자극, 분비물 증가, 섬모가 손상, 파괴되어 자기정화작용을 못함, 기침, 가래 6) 결막염(시력저하 동반) – 흡연으로 인하여 생기는 암 1) 구강암 2) 후두암 3) 폐암, 폐기종 4) 유방암	
정리 및 평가 (5분)	1. 형성평가 1) 담배의 유해성분을 두 가지 이상 말해보자. (니코틴, 타르, 일산화탄소…) 2) 흡연에 의해 생기는 질병 두 가지 이상 말해보자. (폐암, 뇌졸중, 위궤양, 버거씨병…) 2. 차시예고 – 청소년 흡연 및 여성 흡연과 건강	PPT

출처: 대구광역시교육청(2008). 2008년도 흡연예방 및 금연교육 자료집.

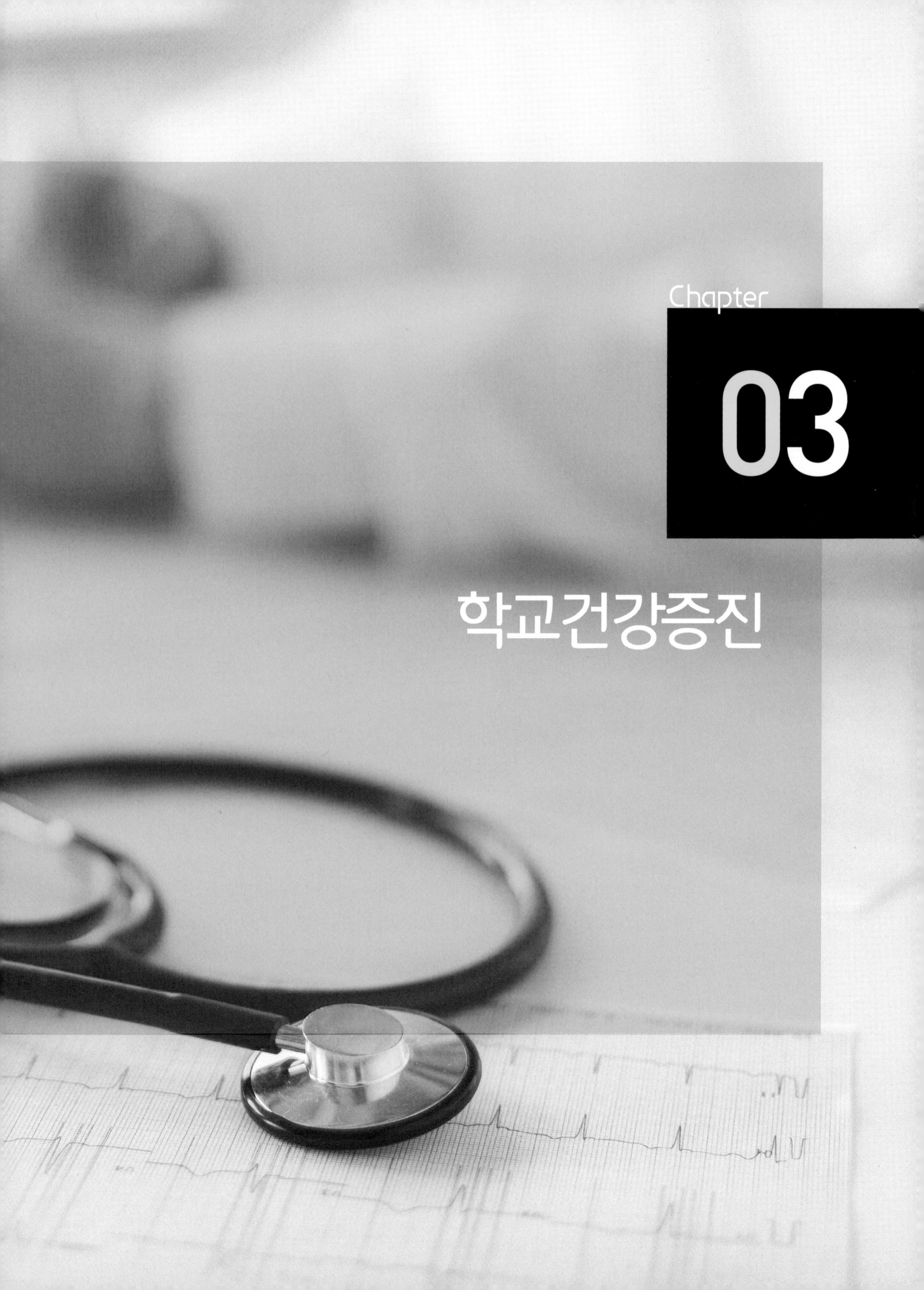

Chapter 03

학교건강증진

1인당 국민소득이 증가하면서 국민들의 건강에 대한 관심이 높아지고, 서구화된 식생활 및 생활습관의 변화로 만성질환 유병률이 증가함에 따라 만성질환의 예방과 관리를 통한 삶의 질 향상과 의료비 부담 감소가 국가 보건 정책의 중요한 과제로 대두되기 시작했다. 따라서 국가의 보건정책이 질병 치료중심에서 질병 예방 및 건강증진 중심으로 전환되었다. 만성질환 예방 및 건강증진을 위해서는 생활습관 개선이 중요한데, 이는 미국 등 신체검사위주로 학교보건사업을 추진해왔던 국가들도 보건교육을 통한 학교보건사업이 자기건강관리능력을 향상시키는 데 가장 효과적이라고 판단하여 활발히 이루어지는 것을 통해 알 수 있다. 우리나라도 이러한 보건문제 관리방안의 일환으로 학생들의 자기건강관리능력을 향상시키는 학교보건교육과정을 통한 학교보건사업으로의 방향전환이 이루어져야 한다.

학교보건 초창기에는 학교보건사업이 감염병 관리를 주요사업으로 전개해 오다가 차츰 아동 및 청소년의 주요건강문제와 건강위험행동에 중점을 두고 수행되었다. 그러나 최근 들어 아동 및 청소년기의 건강에 관한 과학적 접근을 시도하고, 교육적 잠재력을 높이며, 삶의 질을 향상시키기 위한 방안이 주요관심사로 대두되면서 학교를 효과적인 건강증진사업의 장으로 보는 견해가 설득력을 얻게 되었다. 아동 및 청소년기의 외형적 성장과 기능적 발달뿐만 아니라 그들의 삶에 영향을 주는 주요 변인, 즉 또래, 가족, 학교, 미디어, 이웃, 지역사회 등과 같은 개인을 둘러싼 환경과 이들과의 상호작용에 중점을 준 건강증진사업이 모색되고 있다.

제1절 학교건강증진의 개요

1. 건강증진의 개념

- 최적의 건강상태에 도달할 수 있도록 생활양식을 변화시키는 것
- 초기에는 "보건교육"이란 용어로 사용됨

2. 건강증진의 목적

건강증진은 건강한 사람들을 주 대상으로 건강에 유익한 생활양식 및 환경의 변화와 예방서비스의 개선을 통하여 건강잠재력을 함양하고 건강위험요인을 조기발견, 관리함으로써 긍정적 건강을 향상하고 불건강의 위험요인을 감소하려는 데 목적을 두고 있다.

3. 학교건강증진의 원칙

WHO는 1984년에 건강증진의 원칙을 제정했으며, 이것을 토대로 세계 최초로 1986년 캐나다 오타와 제1차 국제 건강증진 회의에서 건강증진 원칙이 설정되었다. 이 때 제정된 건강증진 원칙을 학교에 적용하여 기술해보면 다음과 같다.

① 특정 질병을 가진 학생만을 대상으로 하는 것이 아니고, 전체 학생들의 일상생활에 관한 전반적인 내용을 포함한다.

② 학생들의 건강문제 원인이나 결정요인에 초점을 둔 활동이다.

③ 학생들의 건강유해요인을 감소시키기 위한 의사소통, 교육, 학교활동, 경제적 도움, 학교조직의 변화, 학교개발 등의 다양한 활동을 포함한다.

④ 효과적이고 확실한 학생들의 참여를 목표로 한다.

⑤ 학교건강증진 활성에 가장 중점적인 역할을 하는 사람은 1차 건강관리자인 보건교사이다.

4. 학교건강증진의 기본방향

학교건강증진의 기본방향은 성장기 학생들이 안전하고 건강한 생활을 영위하고, 민주시민으로 성장할 수 있도록 학교보건 사업 및 지원체계를 강화하며 저출산 시대에 학생들을 신체적 · 정신적 · 사회적으로 건강하게 육성하여 국가경쟁력을 향상시키는 데 있다. 학생들을 보다 쾌적하고 안전한 교육환경에서 신체적 · 정서적으로 건강하게 자라날 수 있도록 보건, 환경, 급식분야별 기본방향을 제시하였다(그림 3-1).

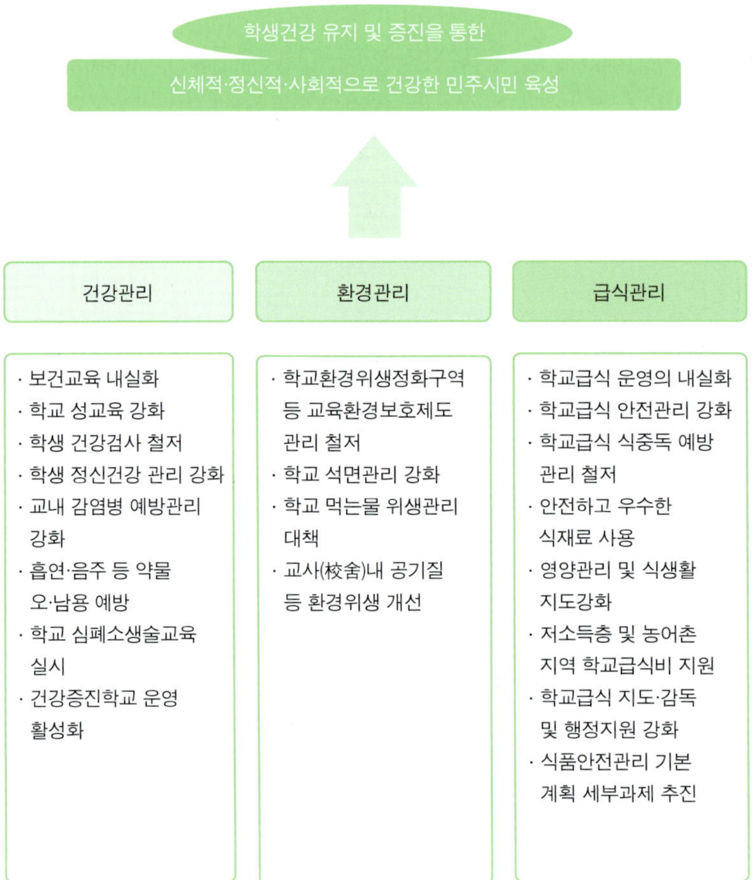

그림 3-1 학교건강증진 기본방향

출처: 교육부(2016), 2016년 학생건강증진 기본방향

제2절 학교건강증진사업의 내용

1. 전통적 학교보건사업의 범위

① 보건교육

② 학교보건서비스

③ 건강한 학교환경

2. 학교건강증진사업의 범위(WHO지침, 1995)

① 학교 보건정책

② 학교의 물리적 환경

③ 학교의 사회적 환경

④ 지역사회 유대관계

⑤ 개인 건강기술

⑥ 학교 보건서비스

제3절 건강증진학교

건강증진학교는 학교의 건강상태와 학생의 건강잠재력을 향상시키기 위한 포괄적인 개념틀이며, 학생, 교직원과 그 가족뿐 아니라 지역사회구성원들의 건강을 향상시키기 위해 학교의 전체 조직능력을 활용하도록 노력한다. 세계보건기구가 제시한 건강증진학교는 삶, 학습, 일을 하는 데 건강한 장소로써의 역량을 지속적으로 강화하는 학교를 의미한다. 건강증진학교의 목적은 다음과 같다.

① 건강한 생활터를 구축하여 학교구성원 모두의 신체적, 정신적, 사회적 건강과 안녕을 증진

② 학교구성원 모두 자신의 건강을 유지 · 증진할 수 있는 능력 배양

③ 학교구성원 모두 건강한 선택을 쉽게 할 수 있는 건강한 학교환경을 구축

④ 학교 스스로 건강한 학교 만들기 사업을 지속적으로 유지

제4절 학교건강증진사업의 실제

1. 현황

학생건강검사결과 시력이상 및 구강질환 학생이 많은 비율을 차지하고 있으며, 비만 등 만성질환도 증가하는 추세이다.

2. 기본방침

① 성장기 학생들의 건강한 성장 · 발달을 위한 정서 · 행동특성검사, 흡연예방 및 금연지도, 건강한 체중관리, 안전사고로 인한 응급처치 등 건강문제에 대한 체계적인 예방 · 관리

② 학생 개개인의 태도와 습관을 변화시켜 평생건강의 기틀을 마련토록 하고, 각종 질병을 예방하여 건강하고 명랑한 생활을 영위할 수 있도록 지도

③ 생활환경의 변화와 잘못된 생활습관 등으로 인해 발생하는 시력 저하, 구강 및 허리질환 통증을 예방하고, 스스로 눈 · 치아 · 허리를 보호할 수 있도록 자기건강관리 능력 배양

3. 추진방향

1) 학교 및 지역사회 연계 건강증진활동 추진

- 학교 건강문제에 대한 진단을 통해 해결의 우선순위를 결정하고, 학교교육과정과 연계하여 많은 학교 구성원이 참여할 수 있는 건강증진활동 추진
- 적절한 업무분담을 통해 모든 구성원이 참여하는 분위기 조성
- 학생의 신체적, 정신적 건강문제에 총체적 접근
- 지역사회 연계를 통한 지역사회 자원 활용

2) 보건교육을 포함한 다양한 건강증진 프로그램 운영 활성화

- 학교장은 시력이상 및 구강질환 예방, 건강한 체중관리, 흡연 · 음주 등 약물오 · 남용 예방 등을 위해 보건교육을 포함한 건강관련 프로그램을 실시

3) 다양한 교육자료 개발 · 발굴 · 활용 및 우수 교육자료 공유

- 교육부에서 구축 · 운영하여 전문 컨설팅을 수행하고 있는 '학생 건강정보 홈페이지(http://schoolhealth.kedi.re.kr)'를 통해 다양한 학생건강정보 적극 활용
- 시 · 도교육청에서는 각 급 학교에서 동 홈페이지를 적극 활용하여 관련 자료를 공유할 수 있도록 조치

4) 교육청 자체적으로도 보건교육의 효과를 높일 수 있는 다양한 교육 자료를 개발 · 발굴하여 활용하고 우수한 교육 자료는 교육청 홈페이지, 학생건강정보센터 등을 활용하여 공유

프로그램명	나는야 양치질 박사예요	나는야 손씻기 박사예요	몸짱교실	담배 연기 없는 건강한 학교
대상 및 기간	전교생 및 교직원 2008~현재	전교생 및 교직원 2008~현재	전교생 및 경도비만 이상자 2008~현재	전교생 및 학부모, 교직원 2011
구성원별 역할	**건강박사1** • 거제시 보건소 - 치과이동 차량 운용 • 보건교사 - 보건교육 및 전체 사업 총괄 • 담임교수 - 손씻기 실천 점검 • 5학년 불소도우미 6명 자율 실천	**건강박사2** • 거제시 보건소 - 손씻기 물품대 • 보건교사 - 보건교육 및 전체 사업 총괄 • 담임교수 - 손씻기 실천 점검 • 학생동아리 폼생폼사 회원 - 각종 홍보물 제작	**몸짱교실** • 교장선생님 및 체육담당교사 - 아침달리기 지도 • 보건교사 - 몸짱교실 대상자 보건교육 담당 • 지역의 전문강사 - 주3회 운동지도 • 영양교사 - 건강식단 및 영양교육 실시	**금연교실** • 거제시 보건소 - 금연 관련 물품 대여 • 인성부장 - 캠페인 및 금연 선포식 실시 • 보건교사 - 학년별 흡연예방 보건교육 실시 - 폼아트 방과후 교실 운영 및 교육자료 제작

출처: 한국교육개발원(2012). 학교건강증진사업 우수사례집.

4. 세부영역

① 시력 관리

② 구강 관리

③ 건강한 체중 관리

④ 개인위생(손 씻기) 관리

⑤ 흡연 · 음주 등 약물 오 · 남용 예방

⑥ 정신건강 관리

5. 세부추진내용

① 건강에 대한 올바른 지식을 습득하고, 질병 예방 등 건강한 생활을 유지하기 위하여 손발 씻기, 이 닦기 등 학생 개개인의 위생 생활 실천을 통한 습관을 형성하여 자기건강 관리 능력을 향상

② 조회시간, 중간 체조시간 등을 이용하여 안구운동(눈 체조) 및 허리 강화 훈련 실시

③ 손발 씻기, 점심 식사 후 이 닦기 등 기본적 위생생활 실천

④ 신체의 균형 있는 성장과 학습 능률을 높이기 위해 체격에 맞는 책 · 걸상 조정 배치

제5절 영역별 학교건강증진사업

1. 시력관리

시력이상의 경우 초등학교 1학년 25.7%에서 4학년은 54.6%로 나이가 들수록 급격하게 증가하는 경향을 보였고, '13년 대비 1.5%나 증가하였다. 따라서 이를 예방하기 위해 다음과 같은 건강증진프로그램을 실시하고 있다.

1) 시력강화 프로그램 실시

- 주로 초등학교에서 조회시간, 중간 체조시간 등을 이용하여 실시한다.
- 매일 눈 체조 비디오를 교실에서 시청한다.
- 비디오를 보면서 눈 깜박이는 운동, 안구운동, 원근응시법, 눈 마사지 운동 등을 따라한다.

2) 보건교육 실시

(1) 생활환경 개선에 관한 교육

- 독서할 때 올바른 자세로 한다.
- 30㎝의 독서거리를 유지한다.
- 약 200Lux 정도의 조명이 좌측 상방에서 비치도록 한다.

(2) 건강한 생활습관 실천에 관한 교육

- 적당한 운동을 한다.
- 휴식과 숙면을 취한다.
- 시력관리에 좋은 식품을 골고루 섭취한다.
- 망막박리로 인한 실명을 예방하기 위해 과중한 노동이나 과격한 운동을 피한다.

(3) 눈을 보호하는 습관에 관한 교육

- 책, 컴퓨터, TV시청 시 매 1시간마다 쉬면서 먼 곳을 쳐다본다.
- TV는 3m 이상의 거리에서 시청한다.
- 매일 규칙적으로 안구운동을 실천한다.
- 시력에 적합한 안경을 착용한다.

(4) 정기적인 검사

- 연 1회 이상 안과전문의에게 시력검사 및 눈 상태를 체크한다.

2. 구강관리

초 1 · 4학년, 중 · 고 1학년 학생 29,066명의 건강검진 결과를 분석한 결과 13년 학교건강검사 표본조사 결과에 따르면 치아우식증 유병율이 28.9% 순으로 높게 나타났고, '13년 대비 5%나 증가한 실정이다. 일반적으로 초등학생 시기는 유치가 영구치로 교환되기 시작하는 혼합치열기이므로 치아우식증이 잘 생기기 쉽다. 따라서 이 시기에 구강건강을 지키기 위한 예방활동과 노력이 필요하다. 아동 및 청소년의 구강건강은 가정, 학교, 지역사회가 함께 협력하여 해결해야 하는 건강과제이다. 학교환경, 지역사회 특성을 고려한 물리적, 인적, 사회적 환경이 갖춰질 때 실현가능하다.

1) 물리적 환경 조성

- 쾌적한 양치시설 마련
- 양치시설, 세면대에 교육게시물 부착
- 구강관리도구 구비

2) 사회적 환경 조성

- 학교단위 칫솔질 캠페인
- 판넬 게시 및 교내 작품공모전 행사
- 교내방송 활용한 보건교육
- 학부모 및 지역사회 참여 프로그램
- 지역의 건강문화 형성

3) 구강 보건교육

교과과정과 연계한 교육활동 및 보건소식지와 가정통신문 등을 활용하여 학생과 각 가정에 정보를 제공

(1) 올바른 식습관 지도

- 치아우식을 일으키는 부착성 높은 식품(사탕, 초콜릿 등) 줄이고 식사 후 치아를 청소하고 잇몸을 자극할 수 있는 음식물(채소, 과일 등 섬유질 식품)을 섭취한다.
- 고칼슘 식품(우유, 치즈, 생선 등)을 섭취한다.
- 너무 무른 음식, 당분이 많이 든 가공식품이나 청량음료는 줄인다.
- 너무 딱딱한 음식 섭취는 삼간다.

(2) 올바른 칫솔질습관 지도

- 3 · 3 · 3원칙(하루 3회, 식후 3분 이내, 3분 이상) 칫솔질한다.
- 학교에서 중식 후 칫솔질을 하게 한다.
- 잇몸을 자극하는 회전법으로 치아를 닦는다.

(3) 건강한 치아사용습관

- 병 따기, 차력시범 등 치아에 무리가 가는 동작을 하지 않는다.

(4) 치아보호장치의 활용

- 권투뿐 아니라 족구나 축구 등 위험하고 과격한 운동이나 놀이를 할 때도 치아보호장치를 한다.

(5) 정기적인 검진

- 연 1회 이상 보건소나 치과에서 치석 제거 및 치아 상태를 체크한다.

4) 불소용액 양치사업

- 초등학생의 치아우식증 예방을 위해 지역사회보건소의 지원으로 시행한다.

5) 치아홈메우기 사업

- 지역사회보건소의 지원으로 치아우식증을 가진 초등학생을 대상으로 시행한다.

6) 구강검진사업

- 치아우식증 조기발견 및 예방을 위해 구강검사를 실시한다.

3. 건강한 체중관리

1) 비만관리 프로그램 운영

① 식이요법

② 운동요법

③ 행동수정요법

④ 건강한 체중관리 보건교육

⑤ 건강교실 운영

⑥ 저체중 및 비만 학생 건강관리 강화

2) '쑥쑥 · 쏙쏙 건강교실 운영' 계획안(예시)

(1) 비만 예방 프로그램 운영을 위한 학교환경 및 분위기 조성

운영 과제 1	**비만 예방 프로그램 운영을 위한 학교 환경 및 분위기 조성** • 비만 예방 및 교육 추진 위원회 구성 • 전교생 체력 향상 활동: 중간 놀이 시간 체조, 전교생 줄넘기 인증제 실시, 방과 후 스포츠 교실 운영(체육부) • 비만 예방 자료 구입 및 제작 • 비만 관련 교육 자료 게시 • 비만도 측정 코너 설치 – 보건실 • 학교 홈페이지에 비만 예방 교육 자료 탑재 • 교육과정과 연계하여 학년별 비만 예방 교육 • 비만 예방 작품 공모, 건강송 부르기 대회실시 • 음악줄넘기 교실 운영

출처: 한국교육개발원(2012), 학교건강증진사업 우수사례집.

(2) 쑥쑥 · 쑥쑥 건강교실 운영

운영 과제 2	**비만관리 쑥쑥 · 쑥쑥 건강교실 운영** • 쑥쑥 · 쑥쑥 건강교실 아침 운동과 틈새 운동 • 쑥쑥 · 쑥쑥 건강교실 신청 학생 개별상담 – 신체 계측, 영양 · 운동 · 생활습관 지도 및 관리 – 자아존중감 향상을 위한 개인별 미술치료 상담(해당자) • 여름 방학 중 비만관리 지도

출처: 한국교육개발원(2012), 학교건강증진사업 우수사례집.

4. 성폭력 · 성매매 예방 및 성교육 강화

아동 · 청소년기는 불안정하고 다양한 변화를 경험하는 과도기적 시기로 왜곡된 성지식의 무분별한 습득은 심각한 성문제를 초래한다. 최근 어린이를 대상으로 한 성폭력 사건은 우리사회의 성문화 수준 및 올바른 성가치관 정립의 필요성을 일깨우고 있다.

1) 목적

- 학생들의 발달단계를 고려한 체계적 · 실질적인 성교육으로 올바른 성지식과 성윤리 의식이 정립된 건전한 학생 성문화 정착
- 잘못된 성지식 및 성폭력 등 유해한 외부 환경으로부터 학생을 보호하고 성희롱 · 성폭력 · 성매매 등의 예방 및 근절

2) 성교육

- 학교 성교육 전담 교사 지정
- 성교육 자료를 개발 · 구입하여 보건실에 비치하고 필요 시 활용
- 교실 및 보건실 게시판에 보건신문, 리플렛, 유인물 등 최신 성관련 정보들을 게시
- 학년별 연간 15차시 이상 의무 성교육(성폭력 예방교육 3시간 포함) 실시
- 관련교과(예: 기술 · 가정, 과학, 사회, 체육 등) 및 창의적 체험활동 활용한 성교육 실시
- 학교교육과정에 학년별 15차시 성교육 계획 포함하여 추진
- 체험, 토의 · 토론, 역할극, 협력수업 등 다양한 방법을 활용한 실제적인 성

교육 운영

- 보건교육 운영 시간 중 적정 성교육 시간을 필수 확보하여 실시
  (예: 초등 5, 6학년의 경우 보건교사에 의한 보건교육 17차시 중 성교육 5차시와 관련교과 10차시 포함하여 전체 성교육 15차시 운영)
- 가급적 학교 성교육 운영을 원칙으로 하되 필요시 성교육 관련 지역사회 전문기관에 의뢰한 외부초빙 강의도 가능
- 고등학교 3학년에 한해서 대학수학능력 시험 후 성교육 특별과정 운영 시 성교육 관련 토의 · 토론학습 및 토론회를 권장
- 전문계 고등학교 3학년은 취업 시기 이전에 특별 성교육 실시
- 수학여행, 소풍, 방학 전 · 후, 축제 및 단체활동, 기타 행사활동, 명절 전후, 연말연시 등을 이용한 성폭력 예방교육 실시

3) 성희롱 · 성폭력 · 성매매 예방

- 성희롱 · 성폭력 · 성매매 예방교육 실시 : 외부강사 초빙, 전교생대상 방송교육, 학급단위수업
- 성폭력 예방교육 : 연 3시간(법적시간–2시간) 이상 실시
- 성매매 예방교육 : 연 1시간 이상 실시

4) 학교기반 성교육 프로그램

① 학교교육과정 내 관련교과(예: 기술 · 가정, 과학, 사회, 체육 등)와 연계한 성교육

② 가정통신문, 학교신문, 보건소식지, 유인물(리플렛, 학급게시물), 학교홈페이지 등을 활용한 자녀 성교육 관련 정보 및 자료 제공

③ 전문기관(성문화 센터 등)과 연계한 체험형 프로그램

④ 또래 성폭력 예방을 위한 인형극 관람

⑤ 성 평등 캠페인 및 문예행사

⑥ 성희롱 · 성폭력 · 성매매 예방 교직원 연수

⑦ 성희롱 · 성폭력 · 성매매 예방 학부모 연수

⑧ 성교육 담당교사 전문성 강화 연수

⑨ 성폭력 상담

⑩ 지역사회, 유관기관과 연계하여 성관련 자료 및 상담 협조

5. 흡연 · 음주 등 약물 오 · 남용 예방

1) 기본방침

- 흡연 · 음주 등 약물에 처음 노출되기 이전(초등학교 저학년) 시기부터 반복적인 예방교육을 실시하여 학생 흡연 · 음주율을 지속적으로 감소시켜 나감

2) 현황

- 학생들의 흡연 · 음주 문제와 약물의 오 · 남용은 성장기 청소년의 건강에 나쁜 영향을 끼칠 뿐만 아니라 또 다른 일탈행위로 이어지는 경향
- 중 · 고등학생 등 청소년건강행태조사(교육부 · 복지부 공동조사, 2015년 제11차) 결과
  - 현재흡연율은 7.8%(중 3.3%, 고 11.7%)이고, 매일흡연율은 3.8%로 조사되어 12년 학교폭력예방대책의 일환으로 흡연예방교육을 의무화한 이래로 매년 지속적으로 감소
  - 현재음주율은 16.7%(중 7.4%, 고 24.9%)으로 조사되어 12년 이후 지속적인 감소 추세이나, 고등학생의 현재음주율은 전년보다 0.3%p 증가하는 등 13년부터 지속적으로 증가하고 있어 고등학생에 대한 음주예방교육 강화 필요

3) 추진방향

(1) 학교에서의 체계적인 약물 오 · 남용 예방 교육 실시

- 최소 1개 학년 약물 오 · 남용 예방 교육 포함 17회 이상 보건교육을 실시
- 관련교과 및 특별활동(적응활동)시간을 활용한 전교생 대상의 방송교육 실시
- 보건신문, 가정통신문, 게시물 등을 통한 지속적인 교육 실시

(2) 청소년 약물 오 · 남용 예방 홍보 강화

- 교육활동, 교내행사 등을 통한 홍보
- 가정, 지역사회, 유관기관 등 관련단체와 연계하여 추진, 필요시 전문기관 적극 활용

(3) 흡연 · 음주 예방 분위기 조성

- 학생 흡연 · 음주 실태조사 및 교육청 보고: 연2회(학기별1회)
- 학교 교사(校舍)의 금연건물 지정 및 스티커 부착
- 자체 교직원 연수를 강화하여 교직원의 금연운동도 병행하여 실시
- 학교주변 담배판매업소 계도

4) 추진 계획

① 관련교과 수업, 특별활동(적응활동), 교내행사, 보건신문, 가정통신문, 게시판, 훈화, 홈페이지 등 다양한 방법을 활용한다.

② 보건소식을 통한 흡연, 음주, 약물 오 · 남용 예방에 관한 교육을 실시한다.

③ 약물 오 · 남용 및 금연에 관한 자료를 수시로 게시하고, 수시로 대상자 면담을 실시하여 필요에 따른 교육을 실시한다.

5) 청소년 금연프로그램(END) 운영 계획안(예시)

주차	회기	내 용	비고
1주차	1회기	1. 강사 인사, 프로그램 소개 2. 흡연유형 검사(흡연동기, 습관, 의존도) 3. 내 마음의 감정카드(현재의 나의감정 표현하기) 4. 금연프로그램 수칙 서약서 작성 5. 사전 설문지 작성 6. 일산화탄소 측정 – 프로그램 참여 학생	출석체크
	2회기	1. 1주 동안 흡연일지 작성하기 설명 2. 목표 세우기, 인생나무 그려보기 3. 변화된 나의 모습, 담배로 인해 달라진 나 4. 자존감 검사 5. 담배 피우지 않을 방법 찾아보기	흡연일지 제공
2주차	3회기	1. 1주 동안 흡연일지 점검 2. 나의 가치관 알기 3. 흡연에 대한 나의 선택 이야기 나누기 4. 흡연에 대해 정확히 알기(Yes, No) 5. 흡연과 금연의 장 · 단점	출석체크
	4회기	1. PPT금연교육(담배의 실체, 성분, 흡연으로 인한 질병 등) 2. 동영상 교육(폐암 수술 장면, 뉴스보도 등) 3. 금단증상 바로알기(신체적, 정신적), 금단증상 퀴즈게임 4. 이 세상에서 가장 소중한 나 5. 나의 금연이유 6. 빨대체험 – COPD 환자체험하기	흡연일지 제공

주차	회기	내 용	비고
3주차	5회기	1. 금연시도경험 공유(1주일 동안 생활 이야기하기) 2. 금단증상 체크 3. 금연방법 이야기 나누기 4. 힘든 점 이야기하기 5. 거절하기 연습(역할극)	출석체크
	6회기	1. 피드백 준비하기 2. 자존감 높이기(내가 듣기 싫은 이야기, 내가 듣고 싶은 이야기) 3. 금연이유, 금연시작일 정하기, 금연서약서 작성하기 4. 나의 인생의 목표 세우기 5. 나의 스트레스 분석과 대처방법	흡연일지 제공
4주차	7회기	1. 금단증상 점검하기-해소방법 이야기 나누기 2. 금연유지 점검하기 3. 금연결심 다지기 4. 나 자신 축하해 주기	출석체크
	8회기	1. 재흡연 예방 교육 2. 소변검사 - 금연 중인 학생 3. 소감문 적어보기 4. 사후 설문지 작성 5. 기념사진 촬영	수료증 수여

출처: 한국건강증진재단(2012), 청소년금연동기유발프로그램 및 청소년금연실천프로그램.

6. 정신건강관리

1) 기본방침

최근 저출산 · 고령화 사회로 기대 수명 증가와 가족의 유형과 생활양식의 변화로 학생들의 건강문제는 신체적인 문제뿐만 아니라 ADHD, 우울, 자살, 불안 등 정서 · 행동적인 문제도 증가하고 있어 이에 대한 조기발견 및 치유기능의 강화가 절실하다.

2) 학생정서 · 행동특성검사 실시

학교에서는 학생들의 학교폭력 징후 및 주요 정신건강 조기 발견 및 악화를 방지하여 건강한 학교생활을 하기위한 목적으로 학생정서 · 행동특성검사를 실시하고 있다. 교육부에서 제시한 학생정서 · 행동특성검사 및 관리 매뉴얼에 의한 구체적인 흐름은 그림 3-2와 같다.

3) 학교 내 · 외 학생정신건강 관리체계 정비

① 학교 내 총괄책임자 지정(부장교사이상) 의무화, 협의체(담임교사 · 보건교사 · 전문상담교사 · 생활지도담당교사 · 지역사회전문가 등) 구성 · 운영 등

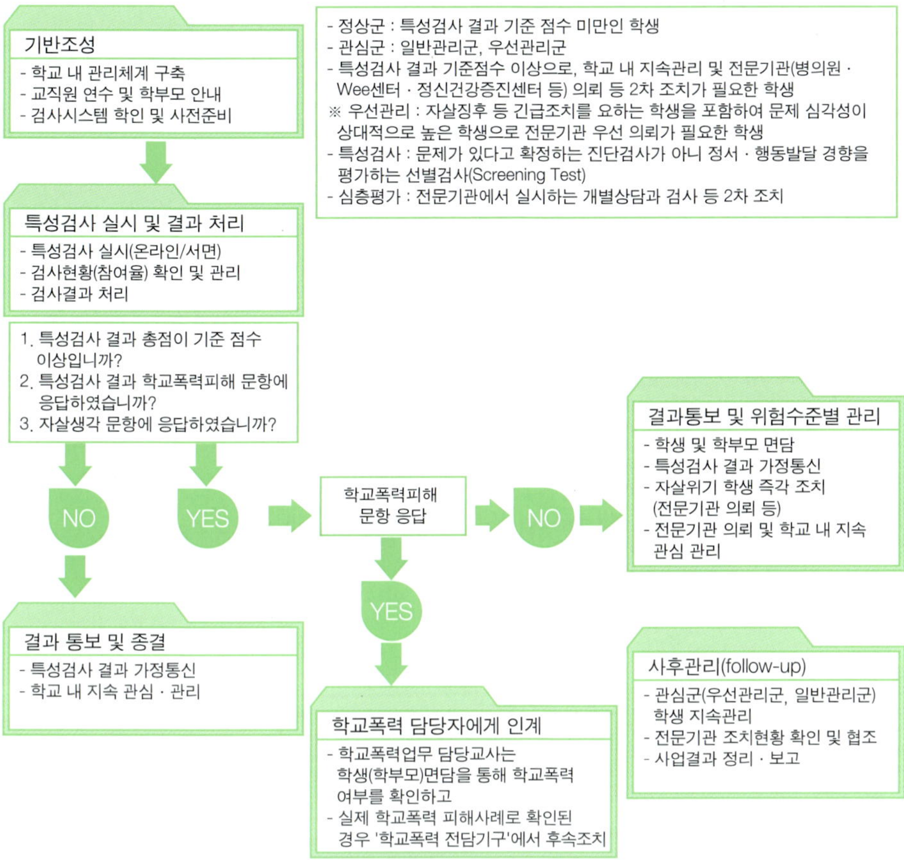

그림 3-2 학생정서 · 행동특성검사 및 관리 흐름도

출처: 교육부(2015). 학생정서 · 행동특성검사 및 관리매뉴얼.

단위학교 학생관리 역량 강화

② 위험수준별 전문기관 의뢰 · 관리시스템 정립, 학교-교육청-지역사회네트워크 구축(전문인력 · 가용자원 정보구축 · 활용 등) 등 통합적 · 집중적 관리체계 구축(표 3-1)

③ 마음건강자문의사 위촉 · 활용, 교육(지원)청 단위 사례회의 활성화 등을 통한 학교전문성강화 등 지원

④ 전문적인 치료지원이 필요한 학생 등에 대해서는 단위학교별 대응에 한계, 학교-지역사회 연계하여 지역전문자원의 활용체제 구축 · 운영

4) '학생정신건강 지역협력모델 지원사업' 계획안(예시)

(1) 목적

- 학생 자살 · 우울 · 불안 등 학생 마음건강 문제에 대한 정부 · 지역 · 학교 차원의 체계적 대응 관리
- 학생마음건강 학교 모델 발굴 및 지역단위 학생 마음건강 협력 시스템 구축
- 지역 유관기관 연계와 단위학교 역량 강화

(2) 운영방침

- 학생정서행동 · 특성검사 결과 관심군, 주의군, 위기 학생을 대상으로 집단 상담 프로그램 운영
- 학교 내 모든 학생을 대상으로 위기 · 부적응 예방을 위한 다양한 상담프로그램과 체험 실시
- 학생, 학부모, 교사의 학생상담 · 지도력 향상을 위한 학교의사의 자문, 교육, 상담
- 교원의 마음건강 회복과 역량강화를 위한 연수와 힐링 프로그램 참가
- 가정–학교–지역사회의 자원을 연계 및 활용하는 상담망 구축

표 3-1 위험수준별 학생 관리방안

구분	관리방안
관심군 (일반 관리 / 우선관리)	• (학교내 관리체계 구축) 업무 총괄자(부장교사 이상) 지정 의무화, 협의체 운영 등 • (지속관리) 수준별(일반관리 · 우선관리) 학교내 상담 정례화(최소 분기별 1회 이상), 전문기관(Wee센터 · 정신건강증진센터 · 병의원 등) 2차 조치 등 적정관리, 자살예방 교육 강화(년4회 이상) • (전문기관 연계) Wee 센터 · 정신건강증진센터 등 전문기관 연계, 2차 조치
우선 관리	• (학교내 집중관리) 위기대응팀 운영 의무화, 학교상담 강화(월 1회 이상), 마음건강 자문의사 지정 · 사례관리, 저소득층 치료비 지원 등 • (병의원 즉시의뢰) 검사절차와 관계없이 긴급을 요하는 학생 발견 즉시 의뢰 • (자살시도자) 병원(응급실) 및 전문기관 연계 생명존중교육 등 자살시도학생 관리체계 강화

출처: 교육부(2016). 2016년 학생건강증진기본방향.

(3) 운영계획

1 맞춤형 집단상담 프로그램 운영

- 목적: 학생정서 · 행동특성검사 결과 관심군, 주의군 학생의 마음건강 회복과 생활 대처 기능 향상
- 대상: 1, 2, 3학년, 정서행동 관심군, 일반(희망)학생

• 운영 기간: 6개월
• 세부 추진 내용

프로그램	활동내용	대상	장소	강사	비고
집단상담 프로그램	– 대인관계, 분노조절 프로그램 – 학생정신건강 프로그램 – 언어문화 프로그램	중학생	교실	학교교사 상담교사	시교육청 지원

2 마음건강 자문의 위촉 · 운영

• 목적: 교사 자문과 위기학생 사례관리를 통한 학교의 위기 대응능력 증진
• 대상: 교사, 학부모
• 운영 기간: 1년
• 학교 담당의: 소아청소년정신과 전문의
• 세부 추진 내용

프로그램	활동내용	대상	장소	담당의사	비고
마음건강 자문의	– 교사의 학생지도 및 사례관리 – 위기 대응요령 안내 – 교사 상담 – 학생, 학부모, 교사 교육, 연수 – 전화 자문	교사 및 학부모	Wee 클래스실	소아청소년정신과 전문의	

3 상담 보조 활용

• 목적: 위기 상담 및 학생 상담 지원
• 대상: 관심군 학생 및 상담희망 학생, 학부모 등
• 운영 기간: 1년
• 세부 추진 내용

프로그램	활동내용	대상	장소	상담보조	비고
상담 보조	– 학생, 학부모 상담 – Wee클래스 업무 지원	학생, 학부모	Wee 클래스실	상담관련학과 졸업 상담자격증 소지자	주 14시간 근무

4 교사 역량강화연수 실시

• 목적: 교사의 학생이해 및 위기학생 관리능력 제고, 내면 심리 이해와 마음 안정, 균형감 회복
• 대상: 전 교원 및 희망 직원

• 교과명: 생명존중, 정서행동 문제 학생 다루는 방법 등
• 교육 형태: 시교육청 지원,
• 교육 횟수: 연 1회 이상
• 세부 추진 내용

프로그램	연수 내용	대상	장소	주관	비고
교사 연수	– 정신건강분야 이론과 사례 – 생명존중	전교원 · 희망직원	도서실	시교육청 · 신경정신의학회	시교육청 지원

5 학생 및 학부모 상담 프로그램 실시

• 목적: 학생 및 학부모 상담을 통한 청소년기 자녀 이해 및 관계 증진 도모
• 대상: 학생 및 참가 희망 학부모
• 운영기간: 6개월
• 세부 추진 내용: 별도 계획

(4) 기대 효과

• 위기학생 조기 발견 및 조기 개입 시스템 구축 운영
• 학생정신건강 증진 교육 및 상담활동을 통한 자기관리 능력 신장
• 교사 대상 연수 실시 및 학교의사 자문활동을 통한 위기학생 관리 능력 제고
• 학교상담 활성화 및 프로그램 참가 학생의 정서 안정과 마음건강 회복
• 학부모 프로그램 참여를 통한 학생정신건강 관련 학부모 인식 제고

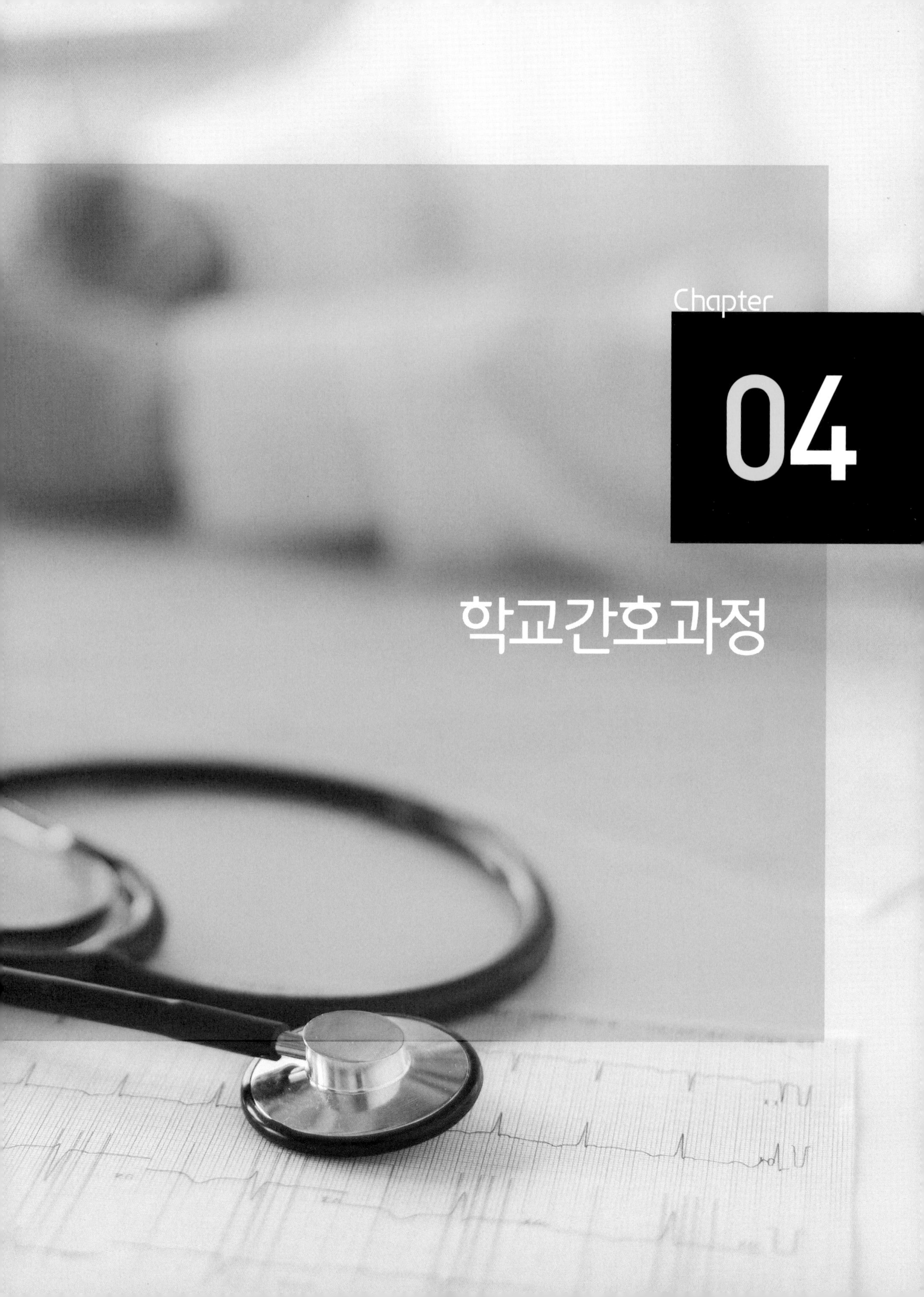

Chapter

04

학교간호과정

제1절 학교간호사정

1. 자료수집

1) 간접자료수집

학생건강평가, 나이스 학생건강기록부, 보건일지, 출석부, 교직원 출근부, 교직원 건강검진 결과, 각종 보고서, 공문서 등 다양한 통계자료를 수집하고 분류, 분석하여 학교의 건강문제를 정확하게 인식하고 대상자의 건강행위를 실천하도록 유도할 수 있는 내용으로 정보를 수집한다.

2) 직접자료수집

학교관리자들과의 면담 기록지, 보건실, 교실과 교내의 보건교사 업무를 관찰하고 기록한 것을 분석, 학생, 교직원, 학부모대상으로 건강문제에 대한 설문지, 가정방문, 집단모임, 공지사항 등을 활용하여 학교의 건강문제를 체계적으로 분류하고 분석한다.

2. 자료수집내용

자료수집은 학교보건사업을 중심으로 학생, 교직원 및 학부모 특성, 학교보건조직 및 인력, 학교보건교육 실태, 학교보건서비스 실태, 학교환경관리 및 안전관리, 학교보건행정, 학교간호사업의 진행 등 각종 자료를 조사한다.

1) 통계자료

① 사망과 상병에 관한 통계: 연간 유병률, 연간 질병발생률, 연간 사고발생률
- 연간 유병률 = 연간 현존하는 환자 수/해당 년도 7월 1일 대상자 수 × 1,000(또는 100)
- 연간 질병발생률 = 1년 동안 새로 발생한 환자 수/해당 년도 7월 1일 대상자 수 × 1,000(또는 100)
- 연간 사고발생률 = 연간 사고발생자 수/해당 년도 7월 1일 학생 수 × 1,000(또는 100)

② 기타: 건강평가통계, 교직원 건강검진 통계

2) 학생, 교직원 및 학부모 특성

(1) 학생, 교직원 및 학부모의 인구학적 특성을 파악한다.

- 학생들은 성별, 학년별 학생수, 생활환경, 특별한 환경의 학생수(결석이 잦은 학생, 보건실을 자주 찾는 학생, 특정질환을 앓고 있는 학생), 전학 온 학생 등을 파악한다.
- 교직원은 건강과 관련된 문제가 있는 경우이거나 건강습관이나 행위가 건강문제 발생을 촉진할 가능성이 있는 경우 주의하여 관찰하고 상담하도록 한다.
- 학부모와 교직원 가족은 학교간호사정에서 자료수집의 필요성이 인정되는 경우 폭넓게 접근한다.

(2) 학생과 교직원의 건강상태를 파악한다.

학생의 건강평가 및 특정 검사결과, 교직원의 건강진단 결과, 보건실 이용상태와 주증상, 사고발생상태, 결석률과 결석원인, 특수아동관리 현황, 질병유병상태, 질병발생상태 등 학교간호 대상자의 건강상태와 관련된 정보를 수집하고 분석한다.

(3) 학생과 교직원의 건강상행위를 파악한다.

영양상태, 식습관, 여가활용, 운동, 취미생활, 휴식관련 사항, 흡연, 물질의 오남용 등 건강행태개선의 필요성에 대한 다양한 조사, 분석한다.

3) 학교간호기준 및 지침

학교간호문제를 효율적으로 해결하기 위해 기준과 지침을 확인하는 것은 기본적인 사항이다. 학교건강문제를 해결하기 위해 활용되는 근거는 교육법, 학교보건법, 학교보건관리 기준 및 지침 등이 있고, 문제해결 주체에 따라 보건교사가 해결해야 할 문제, 다른 보건인력에게 의뢰해야 할 문제, 학교행정에 의뢰해야 할 문제, 건의해야 할 문제가 있다.

(1) 보건교사가 해결해야 할 문제

응급처치, 보건교육, 보건실 방문학생의 증상체크리스트(checklist)를 제작하여 부모님께 알림, 학교 내의 안전교육

(2) 학교의, 학교약사 등의 다른 보건인력이나 교직원, 학부모에게 의뢰해야 할 문제

- 교직원: 교실내의 위생관리, 교실내의 안전관리, 학생지도
- 학부모: 가정통신문, 안전교육, 감염성 질환발생시, 흡연, 약물

(3) 보건행정담당자(학교장, 교감, 주임교사, 서무과장 등)에게 건의 및 조치가 필요한 문제

보건실 현대화 사업을 위한 예산, 학교 앞 횡단보도부족, 주차공간부족, 신호등이나 표지판 설치 건의, 전염병 예방조치

(4) 그 외 학교보건문제

학교 앞 주차공간문제, 정수기 관리, 안전사고 위험성; 학교근처 문제(신호등, 표지판)

4) 자원

학교건강문제를 해결하는 데 필요한 인적 자원, 학교 내 자원, 학교 외 자원을 파악한다.

- 인적 자원: 보건교사, 학교의사, 학교약사, 학교한의사, 학교치과의사, 학교교직원, 학부모 등 학교간호와 관련되는 모든 인적 자원을 파악한다.
- 학교 내 자원: 학교 시설물, 보건실의 다양한 자원(약품, 의료기구, 건강관리도구, 보건교육자료, 기록부, 보고서 등), 학교기구, 도구, 교육자료, 학교재정, 보건교과목의 시간 등을 파악한다.
- 학교 외 자원: 학교간호를 원활하게 수행할 수 있도록 지역사회자원을 파악한다(응급의료기관, 보건기관, 전문의원, 아동학대예방센터, 청소년상담실, 성폭력전문상담기관).

5) 환경

(1) 교내환경

- 물리적 환경: 환기, 채광, 조명, 온도 · 습도, 식품위생, 정수기, 화장실, 쓰레기처리, 교지, 교사, 교실, 책 · 걸상, 체육시설, 학습시설과 용구 등을 조사하여 보건위생적 측면의 자료로 활용한다.

- 사회심리적환경
- 안전관리: 학교안전사고, 성폭력, 아동의 신체적 학대 징후 등의 자료를 활용한다.

(2) 교외환경

- 학교 주변환경: 학교보건법 제5조 시행령 제3조에 의거 정화구역 설정, 기준에 적합한 관리를 한다.
- 학교환경에 위해요인이 되는 환경요소를 점검한다.
- 학생들의 통학로, 교통수단, 교통시간 등을 파악하여 증가하는 교통사고에 대해 파악한다.

표 4-1 학교자료수집 내용

영역		세부내용	지표
학교 특성		연혁, 비전과 목표, 조직, 학교보건조직 등	
학교인구 특성 (학생과 교직원)		학생현황, 성별, 연령, 이동상태(결석, 결근, 전출입 등), 교직원현황	평균연령, 성비
학교보건교육		성교육, 흡연, 음주, 약물 남용예방교육, 구강관리, 학생안전교육, 신체발달, 비만관리, 손씻기 생활화 교육, 감염병 예방교육, 성희롱, 성폭력 예방교육, 매체/방송교육	평균시간/빈도, 보건교육횟수, 학습목표도달유무, 보건교육 참여율
환경	교내환경	물리적 환경인 실내공기오염, 환기 채광, 조명, 온도, 습도, 소음, 분진, 창문면적, 칠판, 책상, 의자, 음료수, 교지면적, 운동장, 교사의 위치, 화장실, 세면장 관리, 상하수도시설, 쓰레기 관리 등의 관리와 학교의 분위기, 안전관리, 정신적 환경	허용기준 초과율, 시설설비기준 미충족률, 관리횟수
	교외환경	학교환경위생정화구역 내 환경, 도로, 교통안전, 유해업소, 보건관련 기관, 소음, 먼지, 유흥업소 등 학교주변 환경	
자원	인적자원	보건교사 1인, 학교의사 1인(내과전문의), 학교약사 1인, 영양사 1인, 체육교사 2인, 학부모회 운영	학교보건조직유무, 회의 횟수, 자원 목록, 자원 의뢰 건수, 자원 활동 실적
	물적자원	보건실 시설과 각종 기구, 약품, 보건교육자료 등	
	재정적자원	학교보건 예산	
	사회적자원	주변 의료기관, 응급의료기관, 보건기관, 학교보건조직, 전문가 등 활용 가능한 자원	
학교 보건 서비스	건강평가	신체발달상황 및 능력, 건강조사, 건강검진, 구강검사, 시력검사, 병리검사, 결핵검사	이상 학생 비율, 각종 검사참여율

표 4-1 학교자료수집 내용 (계속)

영역		세부내용	지표
학교 보건 서비스	건강문제관리	성장발달수준; 체중, 신장, 시력, 청력, 치아상태, 영양상태 건강행위;식습관,운동,약물사용,사고위험행위 각종 질병유병률 및 발생률, 구강보건상태, 장애율및 장애유형, 결석률, 결석이유, 비만, 보건실 이용자의 흔한 건강문제, 시력, 청력, 정신건강상태, 감염병 관리, 통상 증상, 만성질병, 선천성 질병, 행동장애, 적응장애	(체중/신장) 평균/표준편차, BMI, 건강문제별 유병률, 발생률, 건강행위별 실천율, 보건실 이용자 현황 분석
	건강증진	비만관리 프로그램, 구강보건 프로그램, 사고예방 프로그램, 약물남용예방 프로그램, 정신건강증진 프로그램	참여율, 탈락률, 치아우식증, 사고발생률, 발생률, 약물남용행위율
	보건실 운영	비품/의약품, 예산, 학교보건정보시스템, 보건교육자료, 보건실이용률, 의뢰건수, 의뢰에 걸리는 시간, 각종 보고서작성, 보고, 응급처치, 요양호학생관리	비품 미충족률, 연평균 예산 및 확보율, 예산집행 평가

3. 자료분석과 건강문제 명료화

- 기존자료, 새로운 자료를 수집하여 주제별, 분야별, 영역별로 체계적으로 분류한다.
- 자료의 수집단계에서부터 건강문제에 초점을 맞출 수 있도록 수집된 자료나 정보를 분석하여야 건강문제를 효율적으로 해결할 수 있다.

제2절 학교간호 진단단계

1. 간호진단 명명

간호진단은 다양한 원인된 요소들을 대표하는 단어로 명명되어야 한다. 그러므로 간호진단에 속한 특성과 요소들은 체계적으로 분류되어 차원(dimension)별로 설명이 가능하여야 한다. 즉 명명된 간호진단은 충분히 수집된 자료에 근거하여 객관적으로 문제성을 인정할 수 있는 타당성이 있어야 한다.

학교간호과정 중 학교간호진단은 학교보건의 관점에서 학교의 현실적 문제, 즉 학교간호문제를 찾아내어 합리적인 간호계획을 수립하고 수행할 수 있게 하는 기본이 되기 때문에 상당히 중요하다. 그러므로 간호진단을 내리는 특성들에 대한 일차자료의 정확한 수집과 함께 반복적으로 검증작업이 이루어져야 한다. 그러나 아직은 학교간호문제를 구조화된 틀에 따라 간호진단을 명명할 수 있는 공식적인 도구가 개발되어 있지 못하다.

일반적으로 대상자의 간호문제에 따른 간호진단을 명명할 때는 NANDA(1973)를 사용하지만 지역사회간호진단의 경우 OMAHA나 HHCC 분류틀을 활용한다.

특히 국제간호협의회에서는 1996년 세계적으로 통용될 수 있는 국제간호실무체계(ICNP: International Classification for Nursing Practice)를 개발하여 개인이나 지역사회를 대상으로 간호현상을 규명하도록 권장하였다. 이에 김영임 외(2002)는 ICNP를 학교현장에 적용하여 우리나라 학교간호이론과 실습에서 다루어지는 학교간호 현상이 무엇인지 정리하여 학교라는 공동체를 대상으로 간호현상과 특성을 구분하여 개념을 추출하였으며, 학교간호현상과 특성에 대한 적합성 여부를 분석하여 최종적으로 학교간호에 활용될 수 있는 간호현상과 특성을 정리하였다(표 4−2).

도출된 학교간호진단의 영역으로는 인간행위, 인간기능, 환경 등 3개의 영역으로 나누어지며 인간행위에는 척추질환 위험성, 부적절한 식습관, 부적절한 체중관리, 흡연 및 약물남용, 부적절한 스트레스관리, 성에 대한 부적절한 대처, 성에 대한 부적절한 응급관리 등 7개의 학교현상과 31개의 학교특성이 나타났다. 인간기능의 영역에는 부적절한 시력관리, 호흡기질환 위험성, 구강건강관리, 전염병관리 미비, 소화기질환 위험성, 성정체감 부족 등의 6개 학교현상과 28개의 학교특성으로 정리되었다. 또한 환경의 물리적 환경 영역에는 학교적응장애 1개의 학교현상으로 정리되어 7개의 학교현상과 26개의 학교특성으로 전체적으로 20개의 학교간호현상과 85개의 학교간호 특성이 학교대상 간호현상과 간호특성을 나타내는 확정용어로 채택되었다고 발표하였다.

이 연구는 학교지역사회의 현상을 분류하는 첫 단계의 연구로 학교별 차이를 고려하지 않고 전체 학교를 대상으로 학교 내 현상과 특성을 반영하는데 초점을 둔 후향적 연구방법을 사용하였다.

김영임 등(2004)은 2002년의 후속연구로서 우리나라 학교간호현상으로 타당한 것으로 규명된 20개의 간호현상과 85개의 특성을 토대로 실제 학교현장에서 나타나는 학교간호현상과 그 특성의 정도를 파악하고, 초, 중, 고등학교에 따라

표 4-2 학교급별 학교간호현상 비교

영역	학교간호현상	초등학교 (N=82)		중학교(N=16)		고등학교(N=12)			
		M	S.D	M	S.D	M	S.D	F	p
인간 행위	척추질환의 위험성	2.76	0.78	2.29	0.99	2.63	0.73	1.59	0.196
	부적절한 식습관	$3.19^{a,b}$	0.74	3.41°	0.66	3.58^{a}	0.79	2.62	0.078^{+}
	부적절한 체중관리	$3.19^{a,b}$	0.78	3.63°	0.92	2.98^{a}	0.63	2.72	0.071^{+}
	흡연 및 약물남용	1.71°	0.68	$2.14^{a,b}$	0.83	2.44^{b}	1.13	6.21	0.003°
	부적절한 스트레스관리	3.21	0.82	3.33	0.78	3.34	0.89	0.25	0.780
	성에 대한 부적절한 대처	2.10°	0.76	2.37°	0.94	2.63°	0.96	2.78	0.066^{+}
	부적절한 응급관리	2.59	0.88	2.78	0.91	2.58	0.82	0.32	0.729
인간 기능	부적절한 시력관리	2.82	0.70	2.83	0.86	2.70	0.73	0.32	0.808
	호흡기계 질환 위험성	2.73	0.92	2.70	0.83	2.97	0.91	0.43	0.652
	구강건강관리	3.04	0.90	3.51	0.78	3.09	1.08	1.79	0.172
	전염성 관리 미비	2.03	0.87	2.39	0.90	2.42	0.92	1.87	0.159
	소화기질환 위험성	2.79	0.84	3.01	0.77	3.19	0.98	1.44	0.242
	성정체감부족	2.47	0.91	2.64	1.02	2.69	0.81	0.49	0.612
환경	교실내 사고 위험성	$2.67^{a,b}$	0.85	2.41°	0.89	3.05^{b}	0.97	1.79	0.172
	교실외 사고 위험성	2.48	0.97	2.29	0.64	2.28	0.81	0.45	0.637
	학교주변 사고위험성	2.57	1.08	3.03	1.24	2.67	1.35	1.02	0.363
	유해환경 노출위험성	1.84	0.79	1.73	1.02	1.81	0.70	0.12	0.892
	부적절한 쓰레기 관리	$1.77^{a,b}$	0.71	1.51°	0.59	2.10°	0.75	2.35	0.100^{+}
	부적절한 학습환경	1.80	0.88	2.20	1.19	1.63	0.80	1.53	0.221
	학교적응장애	2.71	0.95	2.33	1.08	2.33	1.19	1.47	0.234

* 자료원: 김영임 외(2004), 한국학교보건학회지, 17(1).

※ $^{+}p < .1$ $^{*}p < .05$
a,b: Duncan 사후비교 결과이며, 동일한 문자는 집단 간 차이가 없음을 나타냄.

학교간호현상이 어떻게 다르게 나타나는지를 분석하고자 수행한 결과 학교급별로 학교간호현상에 유의한 차이가 있는 것으로 보고하였다. 학교간호현상 중에 공통적으로 높은 점수를 보인 것은 부적절한 식습관, 부적절한 체중관리, 부적절한 스트레스 관리, 구강건강관리 등이었고, 초등학교의 경우 부적절한 스트레스

관리, 부적절한 체중관리, 부적절한 식습관, 구강건강관리 순이었으며, 중학교의 경우 부적절한 체중관리가 가장 높고 그다음은 구강건강관리, 부적절한 식습관, 부적절한 스트레스 관리, 학교주변 사고 위험성, 소화기 질환 위험성 순으로 나타났다. 고등학교의 경우는 부적절한 식습관이 가장 높은 점수를 보였고, 부적절한 스트레스 관리, 소화기 질환 위험성, 구강건강관리, 교실 내 사고 위험성 순이었다. 초등학교보다 고등학교에서 문제 정도가 더 큰 것은 '흡연 및 약물남용'으로 나타났다.

2. 우선순위 결정

간호진단을 명명한 후에는 통합적 그리고 다차원적으로 검토하여 즉시 또는 시차를 두고 해결해야 하는 간호문제의 우선순위를 결정하여야 한다.

학교간호문제의 우선순위를 결정하는 요인은 다음과 같다.

① 얼마나 많은 대상 집단(개인)이 그 문제를 가졌느냐에 해당하는 유병률과 간호문제의 크기를 고려해야 한다.

② 얼마나 중요하게 생각하는 문제인지 문제의 관심도나 심각성을 고려해야 한다.

③ 해결가능한 자원은 있으며 자원동원가능성은 어느 정도인지(동원 및 연계 가능 인력, 시간, 자원, 시설 등) 고려해야 한다.

④ 해결의 과정과 결과는 경제적으로 얼마나 비용효과적인지 고려해야 한다.

⑤ 문제 또는 사업이 얼마나 신속하게 해결되어야 하는지 고려해야 한다.

⑥ 학교정책과 학교보건정책의 연관지어 법적, 정책적으로 의무의 정도를 고려해야 한다. 마지막으로 해결방안은 대상자에게 수용가능한 방법인지 등을 고려해야 한다. 우선순위 결정에도 일반적 원칙이 적용되는데 학생과 교직원의 건강문제나 환경문제가 그리고 상급생보다는 취약한 하급생이 우선시된다.

우선순위를 결정할 경우 보건교사 혼자하는 것보다 학교장, 학교보건위원회, 학교와 관련된 지역사회의 기관 및 기타 전문가의 의견을 참고하는 것이 바람직하다.

표 4-3 확정용어로 도출된 학교 간호현상 및 특성

영역	학교현상	학교특성
인간행위	척추 질환 위험성	· 꾸부정한 자세로 다니는 학생이 많다. · 자신의 체격에 맞지 않는 책 · 걸상을 이용하고 있다. · 무거운 책가방을 메고 다닌다. · 컴퓨터 사용, TV시청 시 자세가 부적절하다.
	부적절한 식습관	· 인스턴트 식품을 자주 섭취하다. · 아침식사를 거르는 학생이 많다. · 음식을 골고루 섭취하지 않는다. · 식사시간이 불규칙하다. · 급식소 공간부족으로 인한 식사시간의 제약이 있다.
	부적절한 체중관리	· 운동량이 부족하다. · 다이어트 방법이 부적절하다. · 비만 아동들의 인식이 부족하다. · 부모의 소아비만에 대한 인식이 부족하다. · 체계적인 비만관리가 이루어지지 않는다. · 자신의 체중에 대해 정확히 인식하고 있지 못하다.
	흡연 및 약물남용	· 흡연하는 학생이 많다. · 동료 학생이 흡연을 강요한다. · 흡연의 유해성에 대한 인식이 부족하다. · 약물남용의 유해성에 대한 인식이 부족하다.
	부적절한 스트레스 관리	· 학생들의 스트레스가 과다하다. · 적절한 스트레스 해소 방법을 갖고 있지 않다. · 스트레스를 상담할 인적 자원을 갖고 있지 않다. · 여가를 보낼 수 있는 장소가 부족하다. · 여가를 보낼 수 있는 시간이 부족하다. · 스트레스로 인한 두통을 빈번히 호소한다. · 스트레스로 인한 소화 장애를 호소한다.
	성에 대한 부적절한 대처	· 성희롱, 성폭력에 대한 대처의식이 부족하다. · 건전한 이성교제를 하지 못한다. · 성관계를 해본 경험이 있다.
	부적절한 응급관리	· 응급조치법을 잘 모른다. · 연계된 의료기관의 협조가 부족하다.
인간기능	부적절한 시력관리	· 안경착용 학생이 많다. · 학습 조명이 어둡다. · 시력에 상관없이 좌석배치가 되어 있다. · TV시청, 컴퓨터 사용 시 거리가 너무 가깝다. · 정기적인 시력측정이 이루어지지 않고 있다. · 하루 세 시간 이상 TV를 시청하거나 컴퓨터를 사용한다.
	호흡기 질환 위험성	· 교실 내 환기가 제대로 이루어지지 않는다. · 질병 시 적절한 관리법을 알지 못한다. · 환절기 기온의 차이에 대처하지 못한다. · 대기오염이 심하다.

표 4-3 확정용어로 도출된 학교 간호현상 및 특성 (계속)

영역		학교현상	학교특성
인간기능		구강건강관리	· 이 닦는 횟수가 부적절하다. · 이 닦는 시기가 부적절하다. · 양치질 방법이 부정확하다. · 단 음식을 자주 먹는다. · 구강검진 후 추후 관리가 미흡하다. · 구강관리에 대한 부모의 인식이 부족하다. · 구강관리에 대한 학생의 인식이 부족하다. · 정기적인 치과방문이 이루어지지 않고 있다.
		전염병관리 미비	· 식수관리가 부적절하다. · 개인 위생관리가 부적절하다. · 화장실 및 쓰레기장의 정기적인 소독이 이루어지지 않는다.
		소화기 질환 위험성	· 시험에 대한 스트레스가 높다. · 불규칙적인 식습관을 가지고 있다. · 학교 주변에 불량식품 판매소가 있다. · 신학기 학교생활적응 스트레스가 높다.
		성 정체감 부족	· 남아선호사상(남자아이들의 권위주위) · 성 역할에 대한 고정관념이 있다. · 남녀간의 평등의식이 부족하다.
환경	물리적 환경	교실 내 사고위험성	· 학생의 안전의식이 부족하다. · 창문에 안전대가 부착되어 있지 않다. · 화장실이나 세면대 주변이 미끄럽다. · 교실공간의 협소로 인한 접촉 사고의 위험성이 있다. · 교실 바닥 재질(대리석, 마루바닥에)에 따른 위험성이 있다.
		교실 외 사고위험성	· 운동장 모래 상태가 부적절하다. · 교내에 방치되거나 위험한 시설이 있다. · 학생의 안전의식이 부족하다. · 실외에 방치되거나 위험한 시설이 있다. · 주차 공간 부족으로 인한 사고 위험성이 있다.
		학교주변 사고위험성	· 학생들의 교통안전 의식이 부족하다. · 학교주변에 교통안전 관리가 미흡하다.
		유해환경 노출위험성	· 상대정화구역 내 유해시설이 있다. · 절대정화구역 내 유해시설이 있다. · 학교주변에 불량학생이 돌아다닌다.
		부적절한 쓰레기 관리	· 쓰레기장 주변이 비위생적이다. · 파리, 모기 등 해충이 많다. · 쓰레기 분리수거가 이루어지지 않는다. · 지정된 장소에 쓰레기를 버리지 않는다.
		부적절한 학습환경	· 학교 내 공사로 인한 소음이 크다. · 교통으로 인한 소음이 크다. · 실내 온도가 부적절하다. · 교실 내 조명이 부적절하다. · 학교 내 공사로 인한 분진이 많다.
	사회·심리적 환경	학교 적응 장애	· 무관심한 부모가 많다. · 또래집단과 어울리지 못하는 학생이 많다.

* 자료원: 김영임 외 (2002), 지역사회간호학회지, 13(4).

제3절 학교간호계획단계

1. 간호목표 설정

학교간호계획의 목표는 학교간호에서 요구되는 사항에 초점이 맞추어져야 하며 가능한 대상자들의 요구를 많이 충족시키도록 설정되어야 한다. 간호진단과 우선순위가 결정된 후에는 장 · 단기 목표를 설정하고 각 목표에 따른 구체적인 간호수행 전략을 계획하여야 한다.

특히 계획된 목표를 달성하는 정도를 평가하기 위한 기준이 학교간호 계획단계에서 제시되어야 함이 무엇보다도 중요하다.

1) 목표설정 기준

목표는 개괄적인 목적을 달성하기 위하여 일반적이며 구체적인 방향을 제시하는 진술이다. 일반적 목표는 범위가 넓고 포괄적이며 간호수행에 대한 방향을 제시한다. 그리고 구체적 목표는 시간계획을 포함하여 목표 달성 정도를 예측할 수 있도록 세밀하게 제시되어야 한다. 명확한 실현가능한 목표를 설정한다는 것은 수행계획의 지침이 될 뿐만 아니라 목표달성정도의 평가 기준이 되므로 매우 중요하다. 즉 목표를 설정하는 기준으로는 관련성(간호문제, 간호진단, 간호대상자, 집단 등), 실현가능성, 수행가능성, 관찰가능성 및 측정가능성 등이 있다.

2) 목표구성 요소

목표는 달성 가능하도록 서술되어야 한다. 그리고 목표하는 바가 무엇인지를 누구라도 논리적, 객관적으로 이해되도록 표현한다. 그러므로 사업이나 사건이 의도하고 발전하고자 하는 방향이나 범위가 정확하게 제시되어야 한다. 그렇지 않으면 다음 단계인 사업의 수행에 어려움을 겪게 되고 결과적으로 평가가 좋지 않게 된다. 아무리 사업을 잘 수행하였더라도 평가가 좋지 않으면 결과적으로 나쁜 영향을 받게 된다. 목표를 바르게 설정하기 위하여 기본적으로 다음의 다섯 가지 요소가 목표에 나타나도록 서술한다.

- 언　제: 목표가 이루어져야 하는 시검(종점)의 기간이 표시되어야 한다.
- 어디서: 목표를 달성하기 위한 장소가 제시되어야 한다.

• 누 가: 변화되어야 하는 대상이 제시되어야 한다.
• 무 엇: 변화되어야 하는 내용, 상태 및 조건 등이 제시되어야 한다.
• 범 위: 변화되어 달성하고자 하는 목표의 상태, 조건 등으로 측정가능하게 제시되어야 한다.

2. 간호방법과 수단선택

학교의 간호문제가 선정되면 어떠한 방법과 수단을 통하여 설정된 목표에 도달할 것인지를 생각하여 한다. 그러므로 간호방법과 수단은 간호업무의 수행이라고 할 수 있다. 학교간호에서 활용될 수 있는 간호방법으로는 다양한 상황에 적합한 간호서비스 제공, 보건교육 및 관리(행정)업무 등이 있다. 또한 간호수단으로 개인과 집단 상담(지도, 교육), 보건실활동, 방문활동, 의뢰활동, 자원과 매체 활용 및 다양한 조직의 활용 등이 있다.

무엇보다 중요한 것은 간호방법과 수단을 결정하는 절차이며, 다음과 같다.

첫째, 설정된 목표를 달성하기 위하여 가능한 다양한 방법과 수단을 찾는다.

둘째, 방법과 수단을 적용하기 전에 기술적, 법적 및 사회적 타당성을 점검한다.

셋째, 찾고 점검된 방법과 수단 중 가장 최적의 방법과 수단을 기술한다.

넷째, 방법과 수단의 선택에 다양한 자원의 연계와 활용가능성을 고려하여야 한다.

목표달성을 위한 간호수단을 찾아낸 후 기술적, 법적, 경제적, 사회적으로 타당성이 있는지를 따져서 적절한 방법을 선택한다.

• 기술적 타당성: 간호방법 및 수단이 기술적으로 가능하고 효과가 있는지
• 법적 타당성: 법적으로 받아들여질 수 있는지
• 경제적 타당성: 우선 경제적으로 시행 가능해야 하고 나아가서는 그 효과가 경제적 측면에서 유용한지
• 사회적 타당성: 학생 및 교직원이나 그 밖의 사업대상자들이 그 수단 및 방법을 수용하는지를 충분히 검토해서 찾아내고 선택한다.

3. 수행계획 수립

간호문제가 선정되고 목표가 설정되었으며 목표달성을 위한 방법과 수단이 선택되면 이제는 계획단계에서 가장 먼저 수행(집행)계획을 수립하여야 한다. 계획이 체계적이고 세밀할수록 목표달성의 정확도를 높일 수 있다. 그러므로 수행계획을 자세하게 기술하는 것이 바람직하다. 수행계획은 누가, 언제, 어디서, 무엇을 가지고 학교간호를 수행할 것인지에 대하여 계획을 세우는 것이다. 간호문제를 해결하는 과정은 언제나 상호작용으로 이루어진다. 그러므로 학교간호에서도 학생, 보건교사, 교직원 등 학교 공동체를 구성하는 모든 조직과 자원의 상호작용이 이루어질 수 있도록 계획이 이루어져야 한다.

가장 먼저 수행은 누가할 것인지가 중요하다. 보건교사인지 아니면 자원을 활용한 지역 사회연계 부서에 의뢰하여 수행할 것인지의 여부이다.

다음으로 언제 수행할 것인지이다. 기간에 따른 계획과 연계하여 언제 시작하고 언제 끝마칠 것인지는 매우 중요하다. 학교는 시험기간과 방학이라는 특성이 있기 때문이다.

또한 학교간호사업이 이루어지는 장소(어디서)도 매우 중요하다. 마지막으로 무엇을 활용하여 수행할것인지를 계획차원에서 고려하여야 한다. 활용되는 도구와 매체에 따라 필요한 인적, 물적 자원이 확보되어야 한다. 사업이 투입되는 인적자원에 해당되는 사람의 수는 인건비와 관련하여 예산의 중요한 부분이며 필요한 시설과 장비 등의 물적 자원도 예산과 직결되기 때문이다. 즉, 계획을 잘 세웠느냐 하는 것은 사업의 성과와 많은 영향을 미친다는 것을 알 수 있다. 특히 계획 중에서도 예산과 관계된 부분이 중요하다.

기간별 계획의 종류는 다음과 같다.

- 일일계획: 하루 동안 수행하는 내용을 오전과 오후로 나누어 정리한다.
- 주간계획: 일일 수행한 내용을 요일별로 시작일과 마감일을 나누어 정리한다.
- 월간계획: 일일과 주간이 모여 월간계획을 이룬다. 매월 수행해야 하는 업무가 뚜렷하게 구분되어 있으므로 월별 수행 사업의 특성이 잘 반영될 수 있도록 계획한다.
- 연간계획: 유치원(어린이집), 초등, 중등 및 고등학교는 각각 재학기간과 학생의 발달과정 특성이 각기 다르므로 공동체의 특성에 맞게 그리고 필수적으로 수행하여야 할 사업이 누락되지 않도록 계획하는 것이 중요하다.

표 4-4 지표별 연간추진계획

추진 지표	세부실행계획	3	4	5	6	7	8	9	10	11	12	1	2
학교 보건 기본 계획	학교보건 기본계획 수립	→											
	보건실 운영	→	→	→	→	→	→	→	→	→	→	→	→
	보건실 이용 안내	→											
학생 건강 검사	학생건강검사(신체 발달) 계획 및 실시		→	→	→								
	학생건강검사 결과 가정안내 및 추후 관리				→	→							
질병 예방 관리	건강정보 제공 및 안내 (유인물, 홈페이지 운영)	→	→	→	→	→	→	→	→	→	→	→	→
	질병 예방 위한 노력	→	→	→	→	→	→	→	→	→	→	→	→
응급 환자 관리	응급환자 관리대책 수립 및 홍보	→											
	응급환자 발생 시 수립된 대책에 따라 시행		→	→	→	→	→	→	→	→	→	→	→
일반 건강 및 의료 상담	보건실 방문 학생 관리 및 건강상담 실시	→	→	→	→	→	→	→	→	→	→	→	→
	처치 학생 기록 및 관리	→	→	→	→	→	→	→	→	→	→	→	→
	건강관련 정보 제공 (학생 및 학부모)	→	→	→	→	→	→	→	→	→	→	→	→
요양호 학생 관리	요양호 학생 파악 및 관리	→	→	→	→	→	→	→	→	→	→	→	→
	요양호 학생 교직원 안내	→											
보건 교육 계획	수업계획수립 (건강에 대한 태도, 흥미반영 여부)	→	→	→	→	→	→	→	→	→	→	→	→
	수업설계(보건교과의 특성고려 여부)	→	→	→	→	→	→	→	→	→	→	→	→
	교재,교과내용 연구충실 여부	→	→	→	→	→	→	→	→	→	→	→	→
보건 교육 운영	학교교육과정에 포함된 보건교육 실시 여부	→	→	→	→	→	→	→	→	→	→	→	→

표 4-4 지표별 연간추진계획 (계획)

추진 지표	세부실행계획	3	4	5	6	7	8	9	10	11	12	1	2
보건 교육 운영	보건교육에 다양한 교수 학습자료 사용 여부	→	→	→	→	→	→	→	→	→	→	→	→
보건 교육 평가	교육내용의 학생 이해정도평가 유무	→	→	→	→	→	→	→	→	→	→	→	→
	교육결과 파악위한 평가 실시 여부					→					→		

표 4-5 지표별 월별 세부추진계획

월	업무내용	비고
3월	1. 학교보건 기본계획 및 당해연도 필요한 계획서 기안 및 결재 2. 보건실 정비(보건실 환경정리 및 비품 확인) 3. 약품구입 및 수업자료 구입 4. 요보호자 선정 및 상담 실시와 관리(담임, 보건) 5. 반별 건강기록부 확인 및 점검 6. 교직원연수–응급상황 발생 시 대처 등 7. 교육과정에 의한 보건교육 실시 8. 가정통신, 보건소식지(보건실이용 안내 등)	가정통신으로 학생의 건강상태를 파악하고 건강이상자를 선정하여 교직원에게 홍보함
4월	1. 교육과정에 의한 보건교육 실시 2. 요보호 학생 건강상담 3. 학생 건강검진 관련 준비 : 학생건강검진 실시 계획서 기안 및 결재 4. 가정통신, 보건소식지 5. 교직원연수–성희롱예방 6. 학교환경 점검 및 지도조언	– 보건의 날 행사(4월 7일) – 지역사회의료단체 홍보 (응급상황 시 이용가능)
5월	1. 교육과정에 의한 보건교육 실시 2. 학생 건강검진 실시계획에 따른 시행준비 완료 3. 별도검사 실시 및 추후관리 4. 건강증진계획에 의한 질병 고위험군 파악 및 선정 5. 교직원 연수–심폐소생술 6. 교직원 건강검진 협조	– 세계금연의 날 행사(5월 31일) – 별도검사결과 대상자 가정통신문 배부
6월	1. 교육과정에 의한 보건교육 실시 2. 고1건강검진 실시 및 표본학교 건강검사 실시 3. 고1검진 미검자 지도 및 병원의뢰 4. 건강검사 결과 배부 및 재검자 추후 검사 가정통신 발송 5. 요보호 학생 건강상담 6. 교직원연수–성폭력예방(외부강사)	– 구강보건의 날 홍보 – 마약퇴치의 날 홍보(6월 26일) – 일본뇌염예방 홍보 및 예방접종안내
7 · 8월	1. 교육과정에 의한 보건교육 실시 2. 학생 건강검진 결과 추후관리자 대상 중간 현황 조사 3. 생활습관병 등 질병고위험군 대상자 교육 4. 보건실 약품, 비품정리	– 여름방학 준비 – 2학기 개학준비(가정통신)

표 4-5 지표별 월별 세부추진계획 (계속)

월	업무내용	비고
9월	1. 교육과정에 의한 보건교육 실시 2. 요보호 학생 상담 및 생활습관병 등 질병고위험군 대상자 교육 3. 보건실 약품, 비품 및 수업자료구입	– 귀의 날 홍보(9월 9일)
10월	1. 교육과정에 의한 보건교육 실시 2. 가을철 유행 감염병 예방 교육 3. 생활습관병 등 질병고위험군 상담, 교육 및 관리 4. 학교환경 점검 및 지도조언 5. 교직원 연수–성인병 예방	– 약의 날 홍보(10월 10일) – 독감예방 홍보 및 접종안내
11월	1. 교육과정에 의한 보건교육 실시 2. 성희롱, 성폭행 예방 가정통신 3. 요보호 학생 상담 및 교육 4. 생활습관병 등 질병고위험군 상담, 교육 및 관리	– 눈의 날 홍보(11월 11일)
12월	1. 교육과정에 의한 보건교육 실시 2. 생활습관병 등 질병고위험군 상담, 교육 및 관리 3. 건강기록부 기록 최종 점검 및 통계 생성(교무업무시스템운영) 4. 차년도 예산 수립	– 겨울방학 준비(가정통신) – 에이즈의 날 홍보(12월 1일)
2월	1. 보건수업 및 보건업무 종합평가 2. 기본계획 및 보건교과 교육과정 수립 3. 졸업생 건강기록부 배부 4. 보건실 비품, 약품정리 및 공문서 이관	– 신입생 관리 준비 – 1학기 개학 준비

4. 평가계획 수립

평가과정은 사업의 제일 마지막 과정이다. 그러나 마지막에 이루어지는 부분을 성공적으로 수행하기 위하여 처음부터 어떻게 평가할 것인지의 평가계획과정이 중요하다. 그러므로 과정 중에 평가를 어떻게 어떠한 척도로 수행할 것인지를 정하는 것은 사업의 효율적 수행을 위하여 대단히 중요하다. 좋지 않은 평가를 받기 위하여 사업을 수행하는 사람은 아무도 없을 것이다. 결과적으로 계획과 평가는 불가분의 관계이다. 올바른 평가를 하기 위하여 사업의 목표가 분명하여야 하고, 평가에 필요한 자료가 수집되어 있어야 한다. 즉 평가계획표, 평가지표 및 어떻게 평가할 지에 대한 모니터링 시스템이 구축되어야 한다. 평가지표는 사업의 성패를 판단하는 신뢰성이 중요하다. 간호활동의 결과로 변화된 것인지 아닌지가 구분될 수 있어야 한다. 어떻게 무엇을 평가할 것인지가 계획단계부터 고려되어야 신뢰성 있는 평가지표가 개발되고 결국 올바른 평가로 이어질 것이다.

계획단계에서 이루어지는 평가계획의 내용은 다음과 같다.

표 4-6 평가항목

평가지표	문항	예	아니오
학교보건 기본계획	학교보건 기본계획을 수립하였는가?		
	학교보건 기본계획에 따라 보건실을 운영을 하는가?		
	보건실 이용에 대한 안내를 하고 있는가?		
학생건강검사	학생건강검사를 계획에 따라 실시하고 있는가?		
	학생건강검사를 가정에 알리고 그에 따른 추후관리를 하고 있는가?		
질병예방관리	건강과 관련된 각종 정보를 학생에게 제공(유인물, 홈페이지 운영)하는가?		
	여러 가지 질병을 예방하기 위해 노력하는가?		
응급환자관리	응급환자관리대책을 수립 및 홍보하는가?		
	응급환자 발생 시 수립된 대책에 따라 시행하는가?		
	학생이 응급한 상황일 때 신속하고 정확하게 처리를 하는가?		
일반건강 및 의료 상담	보건실 방문 학생 관리 및 상담이 시행되고 있는가?		
	처치 학생에 대한 기록을 하고 있는가?		
	학부모 및 학생에게 건강관련 정보를 제공하는가?		
	학생이 보건실을 찾았을 때 필요한 처치와 이용에 불편이 없도록 노력하는가?		
요양호 학생관리	요양호 학생을 파악하여 관리하고 있는가?		
	요양호 학생을 전체 교사에게 안내하였는가?		
	건강문제나 질환이 있는 학생에게 지속적인 관심을 가지고 대하는가?		
보건교육계획	건강에 관한 태도와 흥미를 반영하여 수업계획을 수립하는가?		
	보건교과의 특성을 고려하여 적합한 수업을 설계하는가?		
	보건수업과 관련된 교재 및 교과내용 연구를 충실히 하는가?		
보건교육운영	학교교육과정에 의한 보건교육을 실시하고 있는가?		
	학습내용에 적합한 다양한 교수 · 학습 자료를 마련하여 보건 교육에 활용하고 있는가?		
	수업 시, 교사의 목소리와 말의 빠르기는 학습내용을 학생이 이해하기에 적합한가?		
	수업 시, 학생의 행동을 적절하게 조절하고 즐겁게 학습에 참여할 수 있도록 유도하는가?		
보건교육평가	교육 내용에 대한 학생의 이해 정도를 확인하는가?		
	학생의 교육 결과를 파악할 수 있는 평가를 실시하는가?		

※ 자료출처: 2011년도 학교보건 학생건강증진 계획, 서울시 교육청.
*자료원: 법제처 종합법령정보센터,2008

- 평가자: 보건교사, 학생, 교사, 학부모 그리고 학교간호와 관련된 전문인이나 기관 등
- 평가시기: 일일, 주별, 월별, 학기별 및 1년 단위 등
- 평가방법: 설문지, 관찰, 보고서 및 다양한 자료에 제시된 통계자료 등
- 평가내용: 간호사업 목표에 기술된 내용
- 평가범주: 간호사업의 목표달성 정도, 투입된 노력, 간호사업의 진행정도 및 효율성 등

제4절 학교간호수행단계

1. 간호수행 종류

간호과정은 각 단계마다 특성이 있고 중요하며 간호과정의 각 단계가 독립적인 것이 아니라 융통적이며 상호보완적이어야 한다. 간호수행단계는 설정된 간호목표를 달성하기 위하여 계획된대로 실천하는 단계이다. 그러므로 수행단계에서도 사정과 계획의 단계가 보충되고 수정될 수 있다. 그러나 가능한 한 원안대로 간호사업이 수행될 수 있도록 체계적으로 작성되고 작성된 대로 수행하는 것이 가장 바람직하다. 학교라는 공동체가 건강집단으로 유지되고 건강자질 향상에 기여하기 위한 학교간호사업의 수행단계에서 고려해야 할 전략을 수립하여야 한다.

학교간호활동의 종류를 열거하면 다음과 같다.

- 보건교사가 직접 문제해결을 위하여 행하는 직접간호수행은 학생 및 교직원의 건강문제 예방 및 관리를 위한 보건실활동, 보건교육활동, 상담, 통상질환관리활동, 환경관리활동, 안전관리활동 등이 있다.
- 간접간호수행은 학생 및 교직원의 건강문제 예방 및 관리를 위한 예산의 계획과 집행, 시설비품 준비와 관리, 문서 관리, 학교보건조직 운영과 관리, 직접간호를 위한 인프라 구축 등이 있다.

2. 간호수행 방법

설정된 간호사업 목표를 달성하기 위하여 적합한 간호수행 방법을 선택하여야 한다. 보건교사는 필요에 따라 학생이나 교직원의 가정이나 관련기관을 방문하기도 한다. 그러나 보편적으로 보건실활동, 교육, 상담 및 집단지도, 의뢰활동, 매체활동 등을 사용한다.

3. 간호수행 전략개발

학교간호를 수행하기 위한 전략을 개발할 경우 고려해야 할 사항은 다음과 같다.

- 문제해결을 위한 적극적이며 주도적인 자세가 중요하다.
- 문제해결을 위한 전문적인 지식과 정보를 갖추어야 한다.
- 문제해결을 위한 기준과 지침을 이해하고 있어야 한다.
- 문제해결을 위한 지역사회 자원연계망을 구축하고 있어야 한다.
- 문제해결을 위한 최신 연구를 이해하고 있어야 한다.
- 문제해결을 위한 리더역할을 수행할 수 있어야 한다.
- 문제해결을 위한 근거중심 간호방법과 수단을 선택할 수 있어야 한다.

제5절 학교간호 평가단계

1. 평가목적

학교간호사업의 평가단계에서는 간호사업의 수행결과를 계획된 목표에 맞추어 달성되었는지를 확인하는 과정으로 달성 정도와 효율성에 따라 지속적으로 수행되어야 하는 간호사업인지 결과를 다음에 또는 다른 사업에 어느 정도 반영해야 하는지를 알 수 있다.

평가는 사업의 목표에 관한 의사결정을 지원하기 위하여 체계적으로 정보를 수집하고, 분석하며 보고하는 과정이다. 그러므로 평가의 결과로 보다 효과적으로 행동할 수 있거나 합리적인 의사결정을 할 수 있어야 한다. 평가단계는 학교간호과정의 마지막 단계이며 다른 간호사업의 지표가 되기 때문에 중요하다.

학교간호평가의 목적은 다음과 같다.

- 간호사업의 목적과 목표를 달성하였는지 알기 위함이다.
- 간호사업이 효과적이었는지 판정하기 위함이다.
- 간호사업의 개선방안을 찾기 위함이다.
- 간호사업의 정책결정에 근거를 찾기 위함이다.
- 간호사업의 책임을 명확히 하기 위함이다.
- 간호사업의 새로운 근거와 지식을 찾기 위함이다.

2. 평가내용

학교 간호사업에서 평가되어야 할 영역과 내용을 살펴보면 학교보건교육의 현황, 학교 보건서비스현황, 학교환경과 안전관리 상태, 학교보건조직 및 인력 상태, 학교보건행정 등이 포함될 수 있다.

학교간호평가의 내용은 다음과 같다.

- 간호사업의 진행과정에 무엇을 수행하였는지 평가하여야 한다.
- 간호사업이 계획대로 수행되었는지 평가하여야 한다.
- 간호사업에서 무엇을 수행하여 무엇이 산출(output)되었는지 평가하여야 한다.
- 간호사업의 결과에 따른 성공과 실패의 원인을 분석하기 위한 평가여야 한다.
- 간호사업의 평가결과를 활용할 수 있도록 평가하여야 한다.

3. 평가지표

평가지표는 간호사업의 목표가 달성된 정도를 측정하기 위한 객관적인 기준이 된다. 그러므로 측정가능하게 계량화된 평가지표를 만드는 것이 중요하다.

학교간호평가지표의 내용은 다음과 같다.

- 간호사업의 주요영역을 포함하는 균형된 평가가 이루어져야 한다.
- 중점사업의 경우 가중치를 주어 사업의 중요도를 구분할 수 있어야 한다.
- 평가지표는 신뢰성이 있어야 한다.
- 평가지표는 주기적으로 수행된 내용에 대하여도 측정가능하여야 한다.

- 평가 모니터링 시스템이 구축되는 것이 바람직하다.

4. 평가시기와 평가자

1) 평가시기

- 어떤 평가를 실시하는지 평가의 목적을 명확히 인지한다.
- 평가목적에 맞게 평가시기를 결정한다.
- 평가목적에 맞게 객관적인 평가자를 결정한다.
- 평가목적에 따라 평가위원회를 구성할 수도 있다.
- 평가는 보건교사가 자체적으로 실시하기도 한다.
- 평가 후에는 반드시 평가결과를 정리한다.
- 평가결과는 내용에 따라 자체 보관 · 상부기관 또는 상부관리자에게 보고한다.

(1) 진단평가

프로그램 개발 이전 대상자를 변화시키는 기술을 개발하는 데 있어서 가장 우선적으로 요구되는 것이 무엇인가를 파악하는 데 이용한다.

(2) 형성평가

프로그램을 실시하면서 중간에 조정할 사항이 있는지를 확인할 목적으로 실시한다.

(3) 최종평가

프로그램을 완전히 마친 후 그대로 시행 또는 수정하여 시행할 것인지 결정하는 것이다.

2) 평가자

학교간호사업의 평가는 보건교사가 자체적으로 실시하여 보고할 수도 있으며 간호사업에 따라 평가위원회를 구성하여 객관적인 평가를 수행하기도 한다.

5. 평가범주

1) 사업과정에 따른 평가 내용에 초점을 둔 평가범주

(1) 구조적평가: 구체적이며 측정가능한가?

- 일정, 인력, 예산 등이 각 단계별로 구체적으로 제시되었는가?
- 대상, 범위, 규모가 적절하였는가?
- 사업 전개의 준비(조직구조, 담당인력, 물적 자원)가 적절하였는가?

(2) 과정평가: 참여율, 만족도, 준비자료의 적절성을 평가한다.

- 사업의 모든 측면이 모니터링되어 사업 속에 환류되어 반영되는지 확인한다.

(3)결과평가: 단/장기 사업목표가 얼마나 달성되었는지 평가하는 과정이다.

- 사업의 단기적 효과: 대상자의 변화를 측정(지식, 행위)
- 사업의 장기적 효과: 이환율, 사망률, 유병률 등의 감소로 측정
- 사업: 대상자 만족도, 사업담당자의 만족도 등을 평가

2) 체계모형에 따른 평가범주

- 투입된 노력에 대한 평가: 사업초기에 계획된 것과 실제로 투입된 실적이 어떠한가를 파악하고 그 차이를 분석한다.
- 사업의 진행에 대한 평가: 당초 계획되었던 일정과 진도를 맞추어 수행, 집행계획이 차질 시 그 원인이 어디에 있는지 분석하고 계획 변경 여부를 평가한다.
- 사업의 목표달성 정도에 대한 평가: 성과 혹은 결과평가는 목표달성 정도를 평가한다. 초기설정목표가 일정기간 내에 얼마나 달성되었는지 확인하고, 목표수준에 도달하지 못하였다면 그 원인을 규명한다.
- 사업의 효율에 대한 평가: 학교간호 사업을 수행하는 데 투입된 노력, 인적 물적 자원 등을 비용으로 환산하여 비교함으로써 측정하며 전년도 또는 다른 학교의 효율과 비교하여 평가할 수 있다.

6. 평가자료

평가에 활용되는 자료로는 설문조사, 면접조사, 포커스 집단, 참여관찰, 역할

극, 일지, 문서, 그림, 포스터, 사진, 영상, 녹음자료, 사업인력 · 자원봉사자, 서비스 이용자, 대상자 · 대상집단, 자원연계기관 등이 있다.

7. 재계획

재계획은 평가의 결과를 반영한다는 의미에서 중요시되어야 한다. 평가의 결과를 기반으로 다음 기간의 간호사업을 수정하여 재계획하여야 하는지 아니면 종료해야 하는지를 결정한다. 이러한 의미에서 간호과정의 전 과정은 순환적으로 이루어진다.

제6절 학교간호과정 적용

1. 사정

1) 자료수집

(1) 학교의 특성

1 학교연혁

- 위치:
- 연혁:

2 인구학적 특성(학생 및 교직원)

- 학급편제
- 교직원 현황: 남(14), 여(34), 계(48명)

(2) 학교보건교육 실시 현황

1 학교보건교육 실시 계획 및 실적

- 학교보건교육 실시 계획 및 실적

2 정규 보건교육 실시 현황

- 정규 보건교육 계획

3 비정규 보건 교육

- 시기적절한 건강정보나 대두되는 보건문제에 따른 보건교육자료를 가정 통신문이나 보건소식지를 발행해 학생과 학부모를 교육한다.

① 보건소식지: 회/월 발행

② 가정통신문: 회/월, 필요 시, 발행

4 교원연수 실적

- 교원연수 실적

(3) 환경

1 학교 내 환경

① 교지

- 교지현황

② 교사

- 보건실 현황

③ 교실

④ 교구

⑤ 음용수

- 년, 4분기 정수기 검사 결과

⑥ 화장실

- 화장실 출입구는 남자용과 여자용이 구분
- 화장실의 위생적인 관리

⑦ 청소와 쓰레기 처리

⑧ 학교 구내식당 및 구내매점 위생관리

⑨ 실내 공기 질 관리기준

- 실내 공기 질 관리 현황

⑩ 정신적 환경

- 학교폭력경험여부 조사
- 집단 따돌림여부 조사

⑪ 학교안전관리

- 체육시간

- 실험실습
- 휴식시간
- 청소시간
- 교내 주차공간으로 인한 교통사고 위험

2 교외환경

① 학교 환경위생정화구역

② 학교 주변여건과 지역 환경

(4) 자원

1 학교 내 자원

① 인적 자원

② 물적 자원: 보건실 내 의약품등

- 보건실 내 물품 보유 현황

③ 재정적 자원

- 학교보건 세출 예산

④ 사회적 자원: 학교 주변 의료시설

2 학교 외 자원

① 교육청: 지원받아 학교보건교육 실시, 정수기 렌탈 등.

② 학교보건관련기관: 성폭력상담소(성상담 지원, 성인 동영상, 중독학생 상담 지원, 성교육 지원)

③ 아동보호전문기관: 가출학생 보호, 가정폭력 피해자 보호, 가정폭력 상담 지원

④ 청소년폭력예방재단 ○○지부: 학교폭력예방지원, 폭력학생상담지원

⑤ ○○○나눔터: 미혼모 보호 및 상담

⑥ ○○○청소년 상담(진료)센터

⑦ ○○○인터넷 중독 상담센터

(5) 학교보건서비스

1 건강평가

① 신체발달상황

② 신체의 능력

③ 건강검진 현황

- 건강검진현황
- 건강검진 통계표

④ 별도검사 현황

- 건강검진현황
- 건강검진 통계표
- 별도검사 결과에 따른 중점 사업

2 건강문제관리

- 건강조사

3 감염병관리

- 감염병 발생 시 대책반 구성 및 운영
- 교내 감염병 및 진단 환자 발생을 대비한 감시체계 구축
  ※ 감염병 발생 시 연락체계: 담임교사→학년부장→보건교사→교감(교장)→교육청, 보건소
- 감염병 발생 현황

4 건강증진

① 건강증진 사업 추진 현황

- 비만도 결과에 따른 중점사업

② 비만 예방교육 실적

- 보건교과를 통한 예방교육
- 보건교과 외 특별 예방교육
- 교육자료, 유인물 배부

5 보건실 운영

① 보건실 의약품 관리

② 보건일지

③ 보건실 이용 결과

2) 자료분석

영 역		자료요약	결론/학교간호문제	필요한 자료
학교 및 인구학적 특성				
학교보건교육				
환경	교내			
	교외			
자원				
학교보건 서비스	건강 평가			
	건강문제 관리			
	건강증진			
	보건실운영			

2. 진단

• ICNP를 적용한 학교간호현상(예시)

학교간호현상(간호진단)	학교특성(관련 요인)
학교적응 장애(예시)	• 무관심한 부모가 많다. • 또래 집단과 어울리지 못하는 학생이 많다. • 학교 폭력 및 집단 따돌림 현상이 있다.

3. 계획

1) 우선순위 선정(예시)

학교간호 현상	학생 및 교직원 건강에 영향 주는 범위	대상자의 취약성	문제의 심각성	자원동원 가능성	학교에서 수행 할 법적의무가 있는 문제	보건 교사의 문제 해결 능력 및 준비도	학교 정책과의 연관성	총점
학교적응 장애	2	2	1	1	2	1	3	16

2) 목표 설정

- 간호문제 1:
- 일반적 목표:
- 간호문제 2:
- 일반적 목표:

3) 수행 및 평가계획

(1) 간호문제 1:

<table>
<tr><th rowspan="2">관련요인</th><th rowspan="2">구체적 목표</th><th colspan="4">수행계획</th><th colspan="2">평가계획</th></tr>
<tr><th>수행내용</th><th>수행자</th><th>시기</th><th>장소</th><th>평가기준</th><th>평가방법</th></tr>
<tr><td rowspan="4"></td><td rowspan="4"></td><td></td><td></td><td></td><td></td><td></td><td rowspan="4"></td></tr>
<tr><td></td><td></td><td></td><td></td><td></td></tr>
<tr><td></td><td></td><td></td><td></td><td></td></tr>
<tr><td></td><td></td><td></td><td></td><td></td></tr>
<tr><td></td><td></td><td></td><td></td><td></td><td></td><td></td><td></td></tr>
</table>

(2) 간호문제 2:

관련요인	구체적 목표	수행계획				평가계획	
		수행내용	수행자	시기	장소	평가기준	평가방법

(3) 연역별 연간추진계획(예시)

구분	실천내용	세부사항 (대상)	월별 실천 현황											
			3	4	5	6	7	8	9	10	11	12	1	2
건강관리	건강검사	건강검진 시력검사				* *								
	비만학생관리				*	*	*	*	*	*	*	*		

4. 수행

- 조정: 계획을 상황에 맞추어 집행한다. 업무조정, 인력조정, 업무활동 조정
- 감시: 사업의 목표달성을 위해 계획대로 잘 진행이 되어가고 있는지 확인한다. 사업의 진도, 수행수준, 수행절차, 수행결과의 부분에서 미흡한 부분을 파악하고 원인이 무엇인지도 찾는다.
- 감시방법: 계속적인 관찰, 기록 검사, 물품의 점검, 학생 및 교직원과의 토의, 업무 담당자와 상담.
- 지도 · 감독: 학교간호에 참여한 학생, 교직원 등의 인력의 활동이 정상적으로 이루어지는가를 사정하여 기술적인 조언을 필요로 할 경우 제공하는 것을 말한다.

5. 평가

학교보건사업 평가항목(표 4–6)을 참고하여 평가를 실시한다.

• 사업과정에 따른 평가범주(예시)

평가범주		평가내용	
구조		장소	상담실, 교육실의 장소가 적절하였음.
		기구, 도구, 물품	행정실에서 LCD를 확보하였고, 리플렛은 교육받은 학생, 학부모, 교직원에게 배포하였으며, 보건실 운영에 대한 물품은 충분히 활용하였음
		인력	학부모 교육 시는 학교의가 강의하였고, 성교육 때는 지역사회 전문가를 초청하여 실시하였으며, 시간은 적절하였다.
		예산	스트레스 관리를 위한 상담 프로그램 운영비 30만원은 부족하였으며, 감염병 예방을 위한 비용은 예산에 맞게 집행되었다.
과정		만족도, 흥미도	보건교육에는 다양한 교육기자재를 활용하여 학생, 교직원, 학부모의 참여를 유도하였으며, 보건교육에 대한 흥미도와 만족도는 보통이었으며, 학교 감염병관리에 대한 학부모 만족도 조사에서 대체적으로 만족하다고 평하였다.
		프로그램참 여율	학생의 스트레스 관리 프로그램 참여율은 95% 이상이었으며, 학부모 및 교직원의 교육 참여율은 85%였다.
과정		교재 적절성	보건교육 과정 동안 사용된 교재에 대한 설문조사 결과 95% 이상이 적절하다고 보고하였다.
		대상자의 적절성	학생, 교직원, 학부모 지역사회에 모두 적용할 수 있는 프로그램이다.
결과	효과	지식변화(Knowledge)	스트레스관리, 안전사고 예방, 감기에 대한 지식이 교육 전과 후에 유의한 차이가 있었다.
		행위변화(Behavior)	보건교육 전과 후의 아침식사 결식률을 조사한 결과 교육전 30%에서 교육 후 20%로 감소하였다. 학생들의 상담실 이용률이 감소하였다.
		행태변화(Status)	1년 동안 두통 호소율이 16%였으며, 이는 목표보다는 약간 부족하지만 대체적으로 만족한 결과라고 할 수 있다. 감염병 발생률은 감소하였다.
	효율	스트레스 관리 프로그램에는 총 소요비용이 30만원이었는데, 두통 호소율이 20%였기에 스트레스 관리 프로그램으로 인해 1%의 지식 증가를 가져오는 데 학생 1명당 33원이 소요되었다. $\frac{\text{1인당 총 소요비용/인원수}}{\text{사업으로 인해 변화된 결과}} = \frac{\text{300,000원/563}}{16\%} = \text{33.3원/명/\%}$	

표 4-7 종합평가(예시)

영 역	평점			비 고
	상(5)	중(4)	하(3)	
1. 보건실 비품 관리 생태				
2. 건강관찰 및 상담지도				
3. 요양호자 건강 상담				
4. 건강검사 실시 및 조치사항				
5. 급수시설 및 교사내 공기 질 관리상태				
6. 화장실, 하수, 쓰레기장 위생상태				
7. 안전관리				
8. 건강기록부 관리				
9. 응급처치				
10. 감염병 예방 관리				
11. 보건교육 실적				
12. 비만학생 관리				
총점				

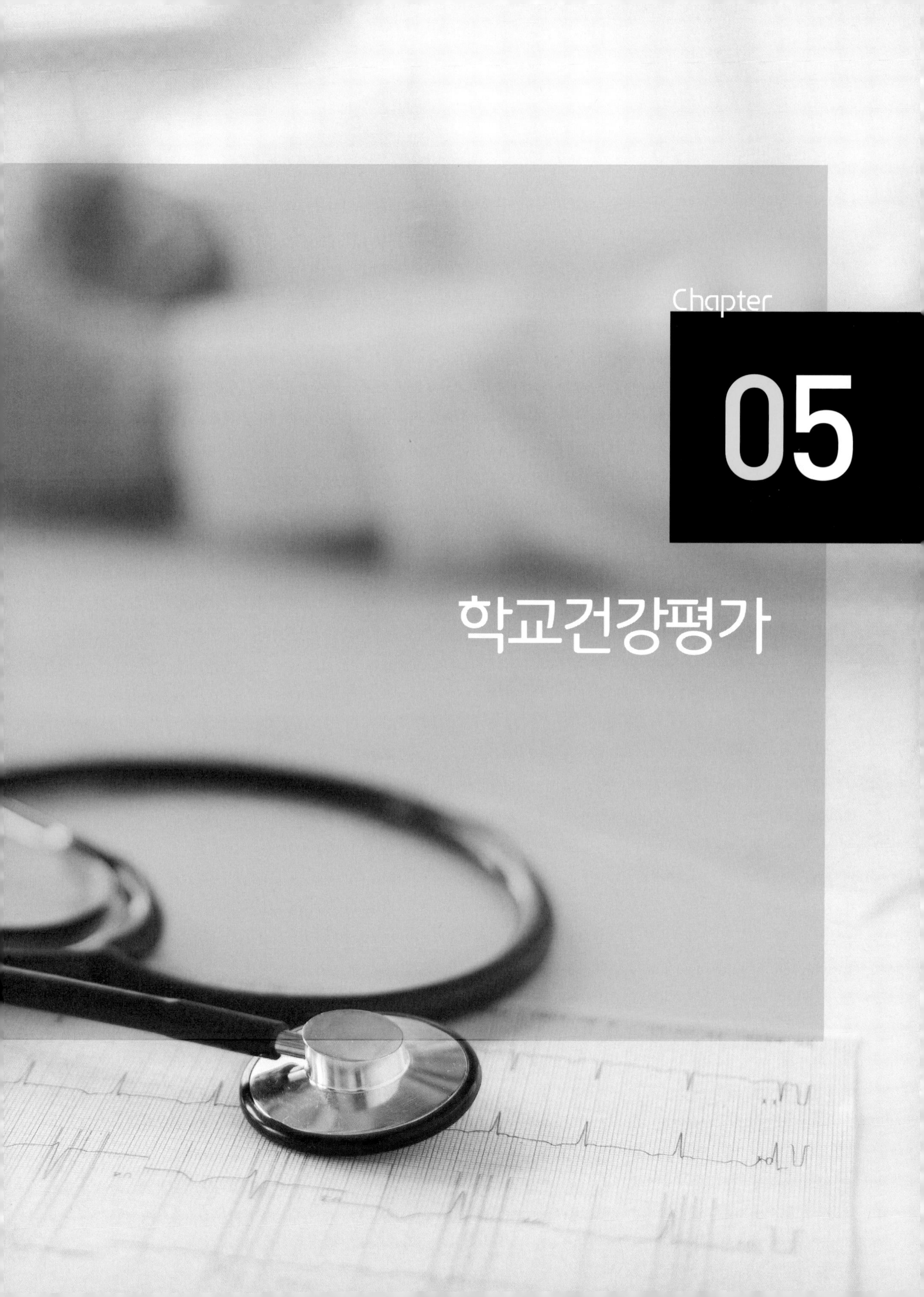

Chapter 05

학교건강평가

학생 건강검사 결과 시력 이상 및 구강질환 학생이 높은 비율을 차지하고 있으며, 비만 등 만성질환도 증가하는 추세이다. 2014년 학교건강검사 표본조사를 분석한 결과에 따르면 시력이상의 경우 초등학교 1학년 25.9%, 4학년 50.6%, 중학교 1학년 67.2%, 고등학교 1학년 71.2%로 학년이 증가함에 따라 급격하게 증가하였고, 차아우식증은 최근 3년간 매년 3%p 이하의 증감을 반복하여 30% 전후 수준이었고, 치주질환('12년 14.4%, '13년 15.1%, '14년 17.0%)과 부정교합('12년 18.3%, '13년 19.6%, '14년 20.3%)은 꾸준히 증가추세이다. 저체중군, 정상군 및 과체중은 최근 3년간 소폭의 증감이 반복되었으나 비만은 지속적으로 증가하였고, 혈압은 학년이 높을수록 증가하는 등 만성 질환이 증가하는 추세이다.

제1절 학교건강평가의 개요

학생건강평가는 건강관찰, 건강조사 및 건강검사 등을 토대로 학습을 저해하는 건강문제와 건강상태를 평가하는 활동이다. 이는 학생들의 질병을 조기에 발견하여 건강상담, 치료 및 보호 등의 적절한 대책을 강구함으로써 만성질환으로의 이행을 예방하고, 건강평가 결과를 분석, 평가하여 학교건강증진계획을 수립하며, 효율적인 학생건강증진사업을 시행하기 위함이다. 또한 건강에 관심을 갖고 학생 스스로 건강을 관리할 수 있는 능력을 배양하기 위한 지식과 태도를 습득할 수 있을 뿐 아니라 학부모들이 자녀의 건강상태와 요구를 이해하도록 돕는다. 건강평가결과는 학교보건사업의 중요한 기초자료로도 활용되고 있다.

1. 건강검사 필요성 및 목적

- 학생건강 실태분석을 통한 체계적이고 신뢰성 있는 학생 건강지표 생성
- 학생들의 건강문제 도출 및 학교보건정책 수립을 위한 기초자료 제공
- 과학적 근거기반의 학생건강증진 및 학교보건정책 개발

2. 법적 근거

- 학교보건법 제7조(건강검사의 실시 등)

- 학교보건법 제7조의2(건강증진계획의 수립)
- 학교보건법 제7조의3(건강검사기록)
- 건강검진기본법 제14조
- 학교건강검사규칙(2006.1.10. 교육인적자원부령 제873호)

3. 건강검사 실시계획의 수립

학교의 장은 원활한 건강검사를 위해 예산 및 구체적인 건강검사 실시계획을 매년 3월말까지 수립한다.

4. 건강검사 내용 및 방법

- 건강검사는 신체의 발달상황, 신체의 능력, 건강조사 및 건강검진으로 구분한다.
- 신체의 발달상황, 신체의 능력 및 건강조사는 해당학교의 장이 실시하고, 건강검진 및 구강검진은 「건강검진기본법」 제14조에 따라 지정된 검진기관에서 실시한다.
- 별도검사는 건강검사 외에 학생의 건강을 보호 · 증진하기 위하여 필요하다고 인정하면 교육부령으로 정하는 바에 따라 그 학생을 별도로 소변검사, 결핵검사, 시력검사, 구강검사를 실시한다.

표 5-1 대상자별 건강검사 항목

급별	학년	신체 발달상황	건강조사	건강검진	구강검진	별도검사			비고
						소변	시력	결핵	
초	1,4	검진기관	검진기관	검진기관	–	–	–	–	
	2,3,5,6	당해학교	당해학교	–	검진기관	검진기관	당해학교	–	
중	1	검진기관	검진기관	검진기관	–	–	–	–	
	2,3	당해학교	당해학교	–	–	검진기관	당해학교	–	
고	1	검진기관	검진기관	검진기관	–	–	–	–	
	2,3	당해학교	당해학교	–	–	검진기관	–	검진기관	

출처: 대구광역시동부교육지원청(2015). 학교보건기본방향.

표 5-2 건강검사 항목 및 방법

검사항목	대상 학년	실시 기관	실시 내용 및 방법
신체발달 상황	초1, 4/중1/고1	검진기관	키, 몸무게 측정 후 비만도 산출
	초 2~3, 5~6/중 2~3/고2~3	학교자체(교직원)	
건강조사	초1, 4/중1/고1	검진기관	예방접종 및 병력, 건강형태 및 생활습관 등 문진표에 의한 조사
	초 2~3, 5~6/중 2~3/고2~3	학교자체(교직원)	건강조사 설문지에 의한 조사
건강검진	초1, 4/중1/고1 단, 초 2, 3, 5, 6학년도 구강검진 대상	검진기관	근 · 골격 및 척추, 눈 · 귀 · 콧병 · 목병 · 피부병, 구강, 기관능력, 병리검사 등 학생들이 연중 방문 검진

표 5-3 신체의 발달상황에 대한 검사항목 및 방법

[별표 1] 〈개정 2009. 3. 22〉

신체의 발달상황에 대한 검사항목 및 방법(제4조제2항 관련)

검사항목	측정단위	검사방법
키	센티미터 (cm)	1. 검사 대상자의 자세 가. 신발을 벗은 상태에서 발꿈치를 붙일 것 나. 등 · 엉덩이 및 발꿈치를 측정대에 붙일 것 다. 똑바로 서서 두 팔을 몸 옆에 자연스럽게 붙일 것 라. 눈과 귀는 수평인 상태를 유지할 것 2. 검사자는 검사대상자의 발바닥부터 머리끝까지의 높이를 측정
몸무게	킬로그램(kg)	옷을 입고 측정한 경우 옷의 무게를 뺄 것
비만도		1. 비만도는 체질량지수(BMI, Body Mass Index: kg/m²)와 표준체중에 의한 상대체중으로 각각 산출한다. 2. 표기방법 가. 학생의 신장과 체중을 이용하여 계산된 체질량지수를 성별, 나이별 체질량지수 백분위수 도표에 대비하여 다음과 같이 판정하여 표기한다. 1) 체질량지수 백분위수 도표의 85이상 95미만인 경우: "과체중" 2) 체질량지수 백분위수 도표의 95이상인 경우: "비만" 3) 성인 비만기준인 체질량지수 25kg/m² 이상인 경우는 백분위수와 무관하게 "비만" 4) 체질량지수 백분위수 도표의 5미만인 경우: "저체중" 5) 1)부터 4)까지에 해당되지 않는 경우: "정상" 나. 표준체중에 의한 상대체중으로 산출된 비만도는 다음과 같이 판정하여 표기한다. 1) 몸무게가 키에 대한 표준체중보다 20퍼센트 이상 30퍼센트 미만 무거운 경우: "경도비만" 2) 몸무게가 키에 대한 표준체중보다 30퍼센트 이상 50퍼센트 미만 무거운 경우: "중등도비만" 3) 몸무게가 키에 대한 표준체중보다 50퍼센트 이상 무거운 경우: "고도비만"

※ 비고: 1. 수치는 소수 첫째자리까지 나타낸다(측정값이 소수 둘째자리 이상까지 나오는 경우에는 둘째자리에서 반올림한다.)
※ 비고: 2. 비만도는 체질량지수와 표준체중에 의한 상대체중으로 각각 산출하기 때문에 서로 다른 결과가 나올 수 있다.

출처 : 교육부(2014). 학교건강검사규칙[교육부령 제31호, 2014.3.3., 일부개정]

5. 학생건강조사 시스템

- 대상자별 건강검사 항목은 표 5-1과 같다.
- 건강검사 항목 및 방법은 표 5-2와 같다.

1) 청소년건강행태 온라인조사

① 주관: 교육부, 보건복지부, 질병관리본부

② 2005년부터 매년 실시

③ 조사대상: 전국 중고등학교 800개교 전학년 약 8만명

④ 조사방법: 온라인 조사

2) 학교건강검사 표본조사

① 주관: 교육부

② 학생건강검진 자료 활용: 전국 초중고 각각 250개 학교를 표본학교로 선정하여 매년 결과 발표

③ 표본학교로 지정된 학교는 건강검사 결과의 통계표를 작성하여 11월 30일까지 교육감에게 보고하고, 교육감은 12월 31일까지 교육부장관에게 보고

④ 표본조사의 목적 및 필요성

- 학생 신체발달상황, 질병이환 등 학생건강 실태분석을 통한 체계적이고 신뢰성 있는 학생건강지표 생성
- 지속적이고 체계적인 학생건강 실태분석을 통한 과학적 근거기반의 학생건강증진 및 학교보건 정책 개발

6. 건강검사 실시의 예외

학교의 장은 법 제7조제4항의 규정에 의하여 당해 연도에 건강검사를 실시할 수 없는 경우에는 관할 교육감 또는 교육장의 승인을 얻어 신체의 발달상황 및 신체의 능력과 건강조사를 생략할 수 있고, 건강검진은 다음 학년도로 연기할 수 있다.

제2절 학교건강평가의 실제

1. 신체의 발달상황

• 검사항목, 측정단위, 검사방법은 표 5-4와 같다.

표 5-4 건강조사 항목 및 방법

건강조사 항목 및 방법[학교건강검사규칙 제4조의2 제2항]

1. 조사항목 및 내용

조사항목	조사내용
1. 예방접종 / 병력	가. 전염병 예방접종 나. 가족병력 다. 개인병력
2. 식생활 / 비만	가. 식습관 나. 인스턴트 및 그 밖에 식품의 섭취형태 다. 다이어트 행태
3. 위생관리	가. 손 씻기 나. 양치질
4. 신체활동	가. 근지구력 향상을 위한 운동 나. 심폐기능 향상을 위한 운동 다. 수면
5. 학교생활 / 가정생활	가. 가족 내 지지 정도 나. 학교생활 적응 정도 다. 교우관계
6. 텔레비전 / 인터넷 / 음란물의 이용	가. 텔레비전 시청 나. 인터넷 이용 다. 음란물에의 노출 여부 및 정도
7. 안전의식	가. 안전에 대한 인식 나. 안전사고의 발생
8. 학교폭력	가. 학교폭력에의 노출 여부 및 정도
9. 흡연 / 음주 / 약물의 사용	가. 흡연 나. 음주 다. 흡입제의 사용 여부 및 약물의 오 · 남용 여부 등
10. 성 의식	가. 성문제 나. 성에 대한 인식
11. 사회성 / 정신건강	가. 사회성(자긍심, 적응력 등) 나. 정신적 건강(우울, 자살, 불안증, 주의력 결핍 등)
12. 건강상담	가. 건강에 대한 상담의 요구 등

2. 조사방법

시 · 도교육감은 위 조사항목 및 내용을 포함한 구조화된 설문지를 마련하고, 학교의 장을 통하여 조사할 수 있도록 한다.

출처: 교육부(2006). 학교건강검사규칙.

• 검사 전에 측정 기구를 점검하고, 고장 난 기구는 즉시 수리, 교체한다.

2. 건강조사

건강조사는 예방접종 및 병력, 식생활 및 비만, 위생관리, 신체활동, 학교생활 및 가정생활, 텔레비전 · 인터넷 및 음란물의 이용, 안전의식, 학교폭력, 흡연 · 음주 및 약물의 사용, 성 의식, 사회성 및 정신건강, 건강상담 등에 대하여 실시하였으나 교육부 공고 제2014-304호(2014. 12. 17)에 따라 조사항목 및 내용이 개정되었다.

건강조사의 항목에 따른 세부적인 내용 및 조사방법은 표 5-6와 같다.

해가 갈수록 식이, 운동, 수면, 안전의식 등 대부분의 건강행태는 학교급이 높을수록 악화되는 경향이 나타난다.

3. 건강검진

1) 검진기관 선정 및 절차

① 학교의 장은 법 제7조제2항의 규정에 의한 학생의 건강검사를 실시하기 위하여 「건강검진기본법」 제14조에 따라 건강검진기관으로 지정된 2개 이상의 검진기관을 선정하여야 한다. 다만, 검진기관을 2개 이상 선정할 수 없는 경우에는 당해 교육감의 승인을 얻어 1개의 검진기관만 선정할 수 있다. 이때 학생들이 이용할 수 있는 지역 내의 검진기관을 선정(원거리 소재 검진기관 선정 및 학생 · 보호자의 희망 조사 없이 학반별로 임의로 검진기관 배정 지양)한다.

② 학교의 장은 제1항의 규정에 의하여 검진기관을 선정하고자 하는 때에는 「초 · 중등교육법」 제31조의 규정에 의한 학교운영위원회의 심의 또는 자문을 받을 수 있다.

- 검진기관 선정 시 「건강검진기본법 시행규칙」 제4조 제2항에 의한 건강검진 지정 의료기관 중 검사 장비, 인력, 검사의 신뢰도 등을 종합적으로 판단하고, 선정에 따른 민원이 발생하지 않도록 투명성과 공정성 확보
- 가급적 차량 운행을 금지하되, 불가피하게 운행 시 안전사고 예방 철저
- 구강검진을 동시에 할 수 없는 검진기관인 경우, 구강검진을 위한 치과

병 · 의원을 별도로 선정 · 계약 체결

③ 검진대상자는 검진기관을 방문하여 건강검진을 받아야 한다. 다만, 검진기관이 없는 지역에 소재한 학교의 장은 교육감의 승인을 얻어 검진기관의 출장에 의한 검진을 하게 할 수 있다.

④ 검진기관은 검진대상자 여부를 확인한 후 검진대상자에 대하여 검사항목에 해당되는 신체의 발달상황에 대한 검사 및 건강검진을 실시하여야 한다.

⑤ 검진기관은 검진을 실시하기 전에 검진에 필요한 문진표를 비치하고, 검진대상자에게 필요한 문진표를 작성 · 제출하게 하여야 한다.

2) 검진항목 및 검진방법

건강검진 대상자별 검진항목은 표 5-5와 같다. 검진방법은 학교건강검사규칙 제5조 2항에 의한다(표 5-6).

표 5-5 대상자별 검진항목

구분	대상	검사항목
기본 검사	모든 검진 학생 (초1 · 4, 중 · 고1)	근 · 골격 및 척추, 눈, 귀, 콧병, 피부병, 구강, 기관 능력, 혈압 색각은 초 4, 중 1에만 실시
별도검사	모든 검진학생	소변검사(요단백, 요잠혈)
	초 1학년	혈액형검사(ABO식, RH식)*
	중 1학년	B형간염 항원검사
	비만(경도비만이상)학생(초4, 중1, 고1)	혈당, 총콜레스테롤, AST · ALT검사
	중 1, 고 1	결핵(X-선 검사)
	고 1 여학생	혈색소(Hb)

출처 : 대구광역시동부교육지원청(2015), 학교보건기본방향.

3) 검진결과 판정기준

최종 종합판정은 문진표, 진찰, 상담, 검사결과를 고려하여 검진의사가 한다. 건강검진 결과 판정기준은 표 5-7과 같다.

표 5-6 건강검진 항목 및 방법

검 진 항 목		검진방법(세부항목)
1. 근 · 골격 및 척추		근 · 골격 및 척추의 형태 및 질병 검사
2. 눈	2-1. 시력측정	가. 공인시력표에 의한 검사 나. 오른쪽과 왼쪽의 눈을 각각 구별하여 검사 다. 안경 등으로 시력을 교정한 경우에는 교정시력을 검사
	2-2. 색각이상유무	공인색각표에 의한 검사
	2-3. 안질환	결막염, 눈썹찔림증, 사시 등 검사
3. 귀	3-1. 청력	가. 청력계 등에 의한 검사 나. 오른쪽과 왼쪽의 귀를 각각 구별하여 검사
	3-2. 귓병	중이염, 외이도염 등 검사
4. 콧병		부비동염, 비염 등 검사
5. 목병		편도선비대 · 경부림프절종대 및 갑상선비대 등 검사
6. 피부병		아토피성피부염, 전염성피부염 등 검사
7. 구 강	7-1. 치아상태	우식치아, 우식발생위험치아, 결손치아 검사
	7-2. 구강상태	구내염 및 연조직질환, 부정교합, 구강위생상태 등 검사
8. 기관능력		호흡기(알레르기성 천식포함) · 순환기 · 비뇨기 · 소화기 및 신경계통 검사
9. 병리 검사 등	9-1. 소 변	요컵 또는 시험관 등을 이용하여 신선한 요를 채취하며, 시험지를 사용하여 측정(요단백 · 요잠혈 검사)
	9-2. 혈 액	1회용 주사기나 진공시험관으로 채혈하여 다음의 검사 가. 비만학생: 혈당 · 총콜레스테롤 · AST · ALT 나. 여고학생: 혈색소
	9-3. 혈액형	ABO 및 RH식
	9-4. 결 핵	흉부 X-선 촬영 및 판독
	9-5. 간 염	B형간염 항원
	9-6. 혈 압	혈압계에 의한 수축기 및 이완기 혈압
10. 그 밖의 사항		검사항목 제1호부터 제8호까지의 검진항목 외에 담당의사가 필요하다고 판단하여 추가하는 항목(검진비용이 추가되지 않는 경우에 한한다)

※ 적용범위 및 판정기준

1. 학교급에 따라 다음과 같이 일부항목을 제외하고 적용한다.
   가. 2-2 "색각검사"는 초등학교 4학년 및 중학교 1학년 학생에 한하여 실시한다.
   나. 9-2 "혈액검사"는 초등학교 4학년과 중학교 1학년 및 고등학교 1학년 학생 중 비만도가 "경도비만" 이상의 학생을 대상으로 실시한다. 다만, 고등학교 1학년 여학생에 대하여는 혈색소 검사를 따로 실시한다.
   다. 9-3 "혈액형 검사"는 초등학교 1학년 학생에 한하여 실시한다.
   라. 9-4 "흉부 X-선 검사"는 중학교 1학년 및 고등학교 1학년 학생에 한하여 실시한다.
   마. 9-5 "간염검사"는 중학교 1학년 학생에 한하여 실시한다.
2. 건강검진 결과의 판정기준은 교육부장관이 정하는 '검진결과 판정기준'을 따른다.
3. 제1호부터 제10호까지에서 정한 검진항목 외의 검진항목에 대한 검진방법 및 건강검진 결과의 판정기준은 「국민건강보험법」 제47조 및 같은 법 시행령 제26조에 따라 보건복지가족부장관이 정하여 고시하는 기준에 따른다.

출처: 교육부(2006). 학교건강검사규칙.

표 5-7 건강검진 결과 판정기준

구분	판정기준
정상	검진결과 건강이 양호한 자
정상(경계)	– 검진결과 건강에 이상이 없으나, 생활습관, 환경개선 등 자기관리 및 예방조치가 필요한 자 – 검진결과 질환으로 발전할 우려가 있어 추적검사가 필요한 자
정밀검사 요함	검진결과 질환 가능성이 높아 전문 의료기관을 통한 정확한 검진이 필요한 자

출처: 학교 건강검진 결과판정 및 기재방법 등에 관한 기준 교육과학기술부 고시 제2012-24호

4) 검진결과의 처리

검진기관이 검사결과를 통보하는 때에는 학생건강검사결과통보서와 학생구강검사결과통보서를 각각 작성하여 해당 학생 또는 학부모와 해당학교의 장에게 각각 통보하여야 한다.

(1) 결과 기록 및 판정

- 판정기준: 학생 건강검진 결과 판정기준을 준용(표 5–8 참고)
- 결과기록: 건강검사 결과통보서 작성요령에 따라 기록

표 5–8 검진결과 항목별 판정기준

질환별	검진항목		단위	판정 기준	
				판정	참고치
근 · 골격 및 척추	근 · 골격 및 척추만곡 이상			정상	없음
				정밀검사 요함	있음
청력이상 및 귓병	청력	귓속말 검사	개수	정상	양쪽 귀 모두 각각 불러준 6개 숫자 중 3개 이상을 정확히 따라 할 경우
				정밀검사 요함	한쪽 귀라도 6개 숫자 중 3개 미만을 맞출 경우
		순음 청력검사	dB	정상	40dB 미만
				정밀검사 요함	40dB 이상
	귓병			정상	이상소견이 하나도 없는 경우
				정밀검사 요함	이상소견이 1개 이상인 경우
콧병	콧병			정상	이상소견이 하나도 없는 경우
				정밀검사 요함	이상소견이 1개 이상인 경우
눈	시력			정상	양쪽 눈 모두 각각 나안시력이 0.8 이상인 경우
				정밀검사 요함	한 쪽 눈이라도 나안시력 0.7 이하인 경우

표 5-8 검진결과 항목별 판정기준 (계속)

질환별	검진항목	단위	판정 기준	
			판정	참고치
눈	색각		정상	이상소견이 하나도 없는 경우
			정밀검사 요함	이상소견이 1개 이상인 경우
	안질환		정상	이상소견이 하나도 없는 경우
			정밀검사 요함	이상소견이 1개 이상인 경우
목병	목병		정상	이상소견이 하나도 없는 경우
			정밀검사 요함	이상소견이 1개 이상인 경우
피부병	피부병		정상	이상소견이 하나도 없는 경우
			정밀검사 요함	이상소견이 1개 이상인 경우

출처: 교육과학기술부 고시 제2010-7호 학교 건강검진 결과 판정 및 기재방법 등에 관한 기준

(2) 결과 통보 및 처리

1 검진기관

- 건강검사(신체의 발달상황, 건강검진, 건강조사) 결과를 건강검사 결과 판정기준 및 작성요령에 따라 각각 작성하여 검진완료 후 15일 이내에 학생 또는 학부모와 학교장에게 통보
- 초 1 · 4학년, 중 · 고 1학년 학생건강검진결과 재검진을 요하는 학생은 재검진을 실시하고 그 결과를 통보
- 건강검진 결과 긴급히 정밀검진을 요하는 학생에 대하여는 학교장 또는 학부모가 조기치료 등 필요한 조치를 취하도록 지체 없이 통보
- 학생의 인적사항 및 검진자료의 개인정보 보호

2 학교장

- 검진결과 이상자에 대하여는 정밀검진, 조기치료 등을 가정통신문을 통해 학부모에게 통보하고 조치결과를 확인하는 등 사후관리에 철저를 기함
- 학생 본인 또는 보호자를 대상으로 건강상담, 예방 조치 기타 적절한 보호 또는 양호의 대책 강구
- 학생 개인 신상에 관한 사항이 공개되지 않도록 검진결과를 철저히 관리
- 학교의 장은 건강검사 결과(별도서식2)를 검진기관으로부터 제출받아 자료입력 사항을 확인 · 검토 후 나이스(NEIS)를 통해 관할 교육감(장)에게 제출

- 검진결과 분석 · 평가 후 발견된 건강문제 해결을 위한 학생건강증진계획을 수립 · 추진
- 검진 결과는 나이스(NEIS)–보건–학생건강기록부에 기록

(3) 건강검진 만족도 조사 및 조사결과에 따른 개선사항 조치

- 학교에서는 검진기관에 대한 만족도 조사를 통하여 개선이 필요한 사항에 대하여는 검진기관에 개선을 요청(공문시행)하는 등의 적극적인 질(質)관리 조치
- 학생 건강검진 실시기관 만족도 조사결과를 학교 및 교육지원청의 홈페이지 등에 공시하여 지역사회 학교 간 공유하고 학생검진의 내실화 도모

5) 검진 비용

- 학교에서는 건강검사를 실시하기 전에 소요예산을 책정한다.
- 건강검진에 소요되는 비용의 범위는 「국민건강보험법」 제47조 및 같은 법 시행령 제26조제7항에 따라 보건복지가족부장관이 정한 금액을 적용한다.

4. 별도검사

- 소변 · 결핵검사는 학생의 질병예방 및 조기발견을 위한 최소한의 검사이므로 대상자 누락 없이 전원 실시하고, 결핵검사는 조기발견 및 대응을 위하여 상반기에 검사 완료를 권장
- 학교장은 학생들이 이용할 수 있는 지역 내의 검진기관을 1개 이상 선정하고 계약 체결하여 학교별 내원검진(학생들이 검진기관 방문) 또는 출장검진(검진기관이 학교 방문) 실시
- 출장검진 시에는 해당 병 · 의원이 출장검진기관으로 지정되어 있는지 반드시 확인
- 건강검진을 받지 않은 학년의 학생들을 대상으로 소변, 시력, 구강, 결핵검사를 실시
- 학교의 장은 건강검사 외에 학생의 건강을 보호 · 증진하기 위하여 필요하다고 인정하면 교육부령으로 정하는 바에 따라 그 학생을 별도로 검사할 수 있다.

- 검사의 시기 및 방법 등 검사에 필요한 사항은 교육감이 정한다.
- 별도검사의 종류 및 내용

구분	소변검사	시력검사	구강검사	결핵검사
대상	초등학교 · 중학교 및 고등학교의 학생 중 교육감이 지정하는 학년의 학생	초등학교 · 중학교 및 고등학교의 학생 중 교육감이 지정하는 학년의 학생	초 2 · 3 · 5 · 6학년	고등학교의 학생 중 교육감이 지정하는 학년의 학생
내용	뇨당, 뇨단백, 뇨잠혈, 뇨pH	치아상태, 구강 전반적 상태 등	시력측정	X-선 검사
방법	학교 출장 검진	교직원 실시	학교 출장 검진	학교 출장 검진

1) 소변검사

소아기의 만성 신장염은 서서히 진행되어 성인에 이르러 만성 신부전증이 되기도 한다. 그러나 소아기에는 소변 정밀검사를 받지 않고는 만성 신장염의 유무를 알 수가 없다. 만성 신부전증을 예방하기 위해 1997년 6월에 「신체검사규칙」을 개정하여 모든 초 · 중 · 고 학생들에게 소변검사를 실시하였고, 2006년 1월 「학교건강검사규칙」에서는 건강검진 제외 대상 학년에게 학교에서 소변검사를 실시하게 하여 성장기 아동의 신장 질환 및 소아 당뇨병의 조기발견과 적절한 치료 및 관리를 하고 있다.

(1) 대상

초등학교 1학년, 4학년과 중 · 고등학교 1학년 학생들을 대상으로 건강검진 기관에서 실시하는 건강검사에 소변검사가 포함되어 있으며, 그 외 초등학교 2, 3, 5, 6학년과 중 · 고등학교 2, 3학년을 포함한 학생들도 전원 소변검사를 실시한다.

(2) 항목

소변검사 항목에는 당, 단백, 잠혈, 유로빌리노겐, 빌리루빈이 포함된다.

(3) 소변검사의 판정기준

단백뇨와 잠혈반응 검사결과가 동시에 양성인 학생의 비율은 2012년부터 제시하였으며, 검사항목 및 판정기준은 표 5-9와 같다.

표 5-9 소변검사 판정 기준

지표명	정의 및 기준*
단백뇨	요단백 검사 결과가 양성(1+ 이상)인 학생
혈뇨(잠혈)	잠혈 반응 결과가 양성(1+ 이상)인 학생
단백 · 혈뇨	요단백과 잠혈 반응 검사 결과가 둘 다 양성(1+ 이상)인 학생

* 약양성(±)은 정상처리함.
출처: 학교 건강검진 결과판정 및 기재방법 등에 관한 기준 교육과학기술부 고시 제2012-24호

2) 시력검사

(1) 목적

최근 다양한 시청각 자료와 TV, 컴퓨터 등을 장기간 사용하면서 시력장애를 가진 학생들의 수가 증가하고 있어 시력장애의 조기 발견이 무엇보다 중요하다. 특히 초등학교 입학 전 시력의 이상 유무를 검사하는 것이 바람직하며 약시를 조기 발견하는 것이 매우 중요한데, 특히 초 · 중 · 고등학교에서 건강한 모든 학생에게 시력검사를 실시하여 전문적인 시력검진을 요하는 학생을 규명함으로써 시력장애가 악화되지 않도록 해야 한다. 시력검사를 실시하기 전 학생들의 행동을 관찰하여 이상자를 발견해 내는 것 또한 중요하다.

(2) 시력검사 및 시력교정이 필요한 행동

- 눈을 지나치게 문지른다.
- 한 눈을 감거나 가리고 머리를 기울이거나 앞쪽으로 내민다.
- 양 눈꺼풀을 가늘게 뜨거나 눈살을 찌푸린다.
- 칠판을 보려 하지 않고 옆 사람의 필기 내용을 본다.
- 정밀한 일을 할 때 필요 이상으로 눈을 깜박인다.
- 작은 물체에 걸려 넘어진다.

(3) 방법 및 판정기준

- 방법: 시력검사는 학교 교직원이 담당하며, 자세한 방법은 다음과 같다.

• 판정기준

검진항목	판정 기준	
	판정	참고치
시력	정상	양쪽 눈 모두 각각 나안시력이 0.8 이상인 경우
	정밀검사 요함	한 쪽 눈이라도 나안시력이 0.7 이하인 경우

출처: 학교 건강검진 결과판정 및 기재방법 등에 관한 기준 교육과학기술부 고시 제2012-24호

• 시력이상자 분류기준

구분	기준 및 대상
시력이상	검진대상자(전체 학생) 중 안경 등으로 교정 중이거나, 나안 시력이 어느 한 쪽이라도 0.7 이하인 학생
전체학생 중 교정 중인 학생	검진대상자(전체 학생) 중 안경 등으로 시력을 교정 중으로, 교정 시력이 기재된 학생
시력 이상자 중 교정 중인 학생	시력이상자 중 안경 등으로 시력을 교정 중인 학생

출처: 학교 건강검진 결과판정 및 기재방법 등에 관한 기준 교육과학기술부 고시 제2012-24호.

(4) 추후관리

- 보다 정확한 정밀검사를 받아야 하는 학생의 명단을 작성한다.
- 보건교사에 의해 추후 관리되어야 하는 학생의 명단을 작성한다.
- 이상자는 가정통신문을 통해 학부모에게 재검사 및 정밀검사를 받도록 의뢰한다.
- 학부모가 정밀검사 결과를 학교에 회신하도록 담임교사에게 협조를 구한다.
- 만일 부모가 추후관리를 하지 않는다면 보건교사나 담임교사가 추후관리계획을 수립한다.

3) 구강검진

구강검진은 학생들이 검진기관을 개별적으로 방문하여 실시하며, 학교보건에서는 치아검진 결과를 구강 보건교육에 통합시키는 기회로 활용할 수 있다.

(1) 대상

건강검진 대상 학년이 아닌 초 2, 3, 5, 6학년은 2010년부터 집단검진이 아닌 학생이 개별적으로 검진기관을 방문하여 실시한다. 단, 중 2, 3학년, 고 2, 3학년은 실시하지 않는다.

(2) 검진기관

- 구강검진은 법률에서 정한대로 교육감이 지역실정에 맞게 정하여 시행할 수 있다.
- 검진기관으로 승인받지 않은 보건(진료)소에서의 구강진료는 검진이 아니며 이 경우에는 학교건강검사에서의 '구강검진'은 미실시로 처리하고, 이에 대한 충분하고 객관적인 검토(근거)자료를 첨부해야 한다.
- 「학교보건법」 제7조 제4항에 의거하여 지역 내에 검진기관의 부재 및 인근지역 이동 등이 사실상 어려운 경우 지역 내 보건(진료)소의 구강관리실 등에서 학생 구강진료를 받아 그 결과를 토대로 학생들의 구강보건 관리를 할 수 있다.
- 학생 개별 또는 단체 내원검진과 출장검진을 모두 허용한다.
- 학교장이 당해 학생들이 이용할 수 있는 지역 내의 검진기관을 1개 이상 선정한다.
- 학교에서 선정한 검진기관 외에 타 검진기관에서 검진을 받아 검진결과지를 제출할 경우 검진으로 인정하고, 비용은 학생 자부담으로 처리하도록 학부모에게 안내한다.

(3) 방법 및 판정기준

- 방법과 비용 등에 관한 사항은 지역실정에 따라 교육감이 정한다. 세부항목 및 검진방법은 표 5-10과 같다.
- 학생 및 보호자는 검진기관에 비치된 문진표를 작성한다.
- 학교장은 선정한 검진기관에 문진표, 결과 통보서 및 결과 통계표 등 서식을 제공한다.
- 검진담당자는 작성된 문진표의 문항에 대해 보다 더 자세한 검진을 하도록 한다.
- 우식치아, 우식발생 위험치아, 결손치아 등 치아상태 파악, 구내염 및 연조직 질환, 부정교합, 구강 위생상태 등 검사를 통한 구강상태를 평가한다.
- 검사결과는 검진기관에서 검진결과 지표 정의에 따라 판정하여 법정서식에 의거하여 학생 또는 학부모와 해당 학교에 각각 통보되도록 조치한다(표 5-10).

표 5-10 구강검진 결과 지표 정의 및 대상

구분	기준 및 대상
치아우식증	우식치아가 1개라도 있는 학생(우식치아 유무에 '유'로 기록)
1인당 우식치아 개수	치아우식증이 있는 학생 중 1인당 우식 치아의 평균 개수
치주질환 [중 · 고등학생 대상]	중 · 고등학생 중 치주질환이 있는 학생(치주질환 유무에 '유'로 기록)
부정교합	부정교합이 있는 학생(부정교합 '요교정' 또는 '교정 중'인 자)

출처: 한국교육개발원(2014). 전국 초 · 중고등학생 건강검사 결과분석 및 표본추출 연구.

4) 결핵검사

결핵은 신체 거의 모든 부분에 침범할 수 있는 감염병으로 특히 폐에 많이 감염되는 세균성 만성 감염병이다. 결핵균에 의한 1차 감염은 대부분의 경우 증상을 유발하지 않으며, 흉부 방사선 촬영에서도 정상 소견을 보이는 경우가 많아 결핵검사에 신중을 기해야 한다.

(1) 검사대상

중학교 1학년과 고등학교 1학년 학생에 한하여 건강검진 시 함께 실시하나 고등학교 2, 3학년 학생들은 별도검사로 실시한다. 단, 최근 청소년의 결핵 발생으로 인하여 실정에 따라 중학교 2, 3학년 학생들도 실시하고 있는 지역도 있다.

(2) 방법 및 판정기준

흉부 방사선 촬영을 통해 검사하며 결핵의심만 포함하며, 비활동성은 정상으로 분류한다.

5. 신체능력검사

신체능력검사는 체력요소를 평가하여 신체의 능력등급을 판정하는 필수평가와 신체활동에 대한 인식정도 등 필수평가에 대한 심층평가를 하는 선택평가로 구분한다. 초등학교 5 · 6학년, 중 · 고등학생을 대상으로 달리기, 오래달리기-걷기, 제자리멀리뛰기, 팔굽혀펴기(중 · 고등학교 남학생에 한함), 팔굽혀매달리기(중 · 고등학교 여학생에 한함), 윗몸일으키기 및 앉아윗몸앞으로굽히기 등의 능력을 교직원이 실시한다. 다만, 심장질환 등으로 인한 신체허약자와 지체부자유자는 그 대상에서 제외할 수 있다. 측정 결과를 교육정보시스템(NEIS)에 입력하면 학생건강체력평가시스템(PAPS)에서 자동으로 점수가 산출된다.

제3절 학교건강평가 결과의 관리

1. 법적근거

「학교보건법」 제7조 및 제7조의3의 규정에 의하여 학교 건강검사의 실시 및 그 결과의 기록에 관하여 필요한 사항을 규정함을 목적으로 하는 학교건강검사규칙

① 학교의 장은 건강검사의 실시 결과를 작성 · 관리하는 때에는 학생에 대하여는 그 결과를 학생건강기록부로 작성하고, 검진기관이 통보한 자료에 별도검사의 결과를 기재하여 따로 관리한다.

② 학생의 건강검사 결과는 교육정보시스템에 의한 처리를 위하여 학생건강기록부로 작성하여야 한다.

③ 학생건강기록부를 이관받은 고등학교의 장은 당해 학생이 고등학교를 졸업할 때 교부하여야 한다. 다만, 당해 학생이 중학교 또는 고등학교에 진학하지 아니하거나 휴학 또는 퇴학 등으로 고등학교를 졸업하지 못하는 경우에는 그 학생이 최종적으로 재적하였던 학교에서 이를 5년간 보존하여야 한다.

④ 교육감은 신체능력검사 결과에 따라 학생 개인별 신체활동 처방을 제공하는 학생건강체력평가시스템을 「초 · 중등교육법」 제30조의4제1항에 따른 교육정보시스템과 연계하여 구축하고, 학생 · 학부모가 조회할 수 있도록 관리하여야 한다.

2. 건강검사 결과의 조치

① 학교의 장은 그 학교가 소재하는 지역 보건기관, 체육단체 및 대학 등의 협조를 얻어 건강검사의 결과에 따라 소속 학생 및 교직원에 대하여 건강상담, 예방조치, 체력증진 등 적절한 보호 또는 양호의 대책을 강구하여야 한다.

② 학교의 장은 학생에 대하여 건강검사를 실시한 결과 수업면제 · 휴학 · 치료 · 보호 또는 교정 등을 필요로 하는 자에 대하여는 본인 또는 그의 보호

자에게 적정한 조치를 강구하도록 하여야 한다. [개정 2006.1.10]

③ 학교의 장은 교직원에 대하여 건강검사 또는 「국민건강보험법」 제47조의 규정에 의한 건강검진을 실시한 결과 전염성질환 또는 신체의 심한 허약 등으로 복무에 지장이 있다고 인정되는 경우에는 휴직 기타 적절한 조치를 취하도록 임명권자에게 건의하여야 한다.

④ 검사결과를 평가하여 학생건강증진계획 수립하고 시행한다.

⑤ 필요한 경우 전문의에 의한 정밀검사와 검진을 받게 한다.

⑥ 유소견자의 경우 결과를 상담일지에 기록하여 재학 중 교육과 지도에 활용한다.

⑦ 감염병에 이환되었거나 감염이 의심스러운 학생에 대해 등교중지, 질병치료 및 예방조치를 한다.

⑧ 교직원 건강검진 결과, 필요한 때에는 교직원의 질병치료 및 근무여건 개선 등 필요한 조치를 한다.

3. 학생건강기록부 기록 · 보관 등 관리

① 차세대 나이스 교무업무시스템(보건) 관리

② 교무업무시스템 건강기록부는 담임교사가 입력하고, 보건(담당)교사가 관리

※ 보건(담당)교사는 입력할 자료를 학급 담임교사에게 신속하게 제공

③ 재학생에 대한 교무업무시스템 건강기록부는 2월말까지 입력사항에 대한 재확인 절차를 거쳐 누락되거나 부정확한 내용이 없도록 조치

④ 학생이 타 학교로 전출 갈 때에는 교무업무시스템 건강기록부를 전송해야 한다. 학교의 장은 소속 학교의 학생이 전출하거나 고등학교까지의 상급학교에 진학할 때에는 해당 학교의 장에게 자료를 이관

⑤ 고등학교장은 당해 학생이 고등학교를 졸업할 때 학생 건강기록부를 교부하여야 하며, 중학교 또는 고등학교에 진학하지 아니하거나 휴학 또는 퇴학 등으로 졸업하지 못하는 경우에는 그 학생이 최종적으로 재적하였던 학교에서 5년간 보존(「학생건강기록부 전산처리 및 관리지침」 제14조)

⑥ 학교장은 검진기관으로부터 받은 건강검사(구강검진)결과통보서는 학생건강기록부 작성 및 건강관리 자료로 이용하고 3년간 보관 후 폐기(전 · 출입 시 미송부)

⑦ 그 외 사항에 대해서는 「학생건강기록부 전산처리 및 관리지침」을 참고하여 처리

4. 건강검사 결과의 활용

건강검사 및 별도검사 결과 질병이나 신체 이상이 발견된 자에 대한 추후관리와 학부모 상담을 위한 건강지도 및 건강상담의 자료로 활용한다.

Chapter

06

학교건강문제 관리

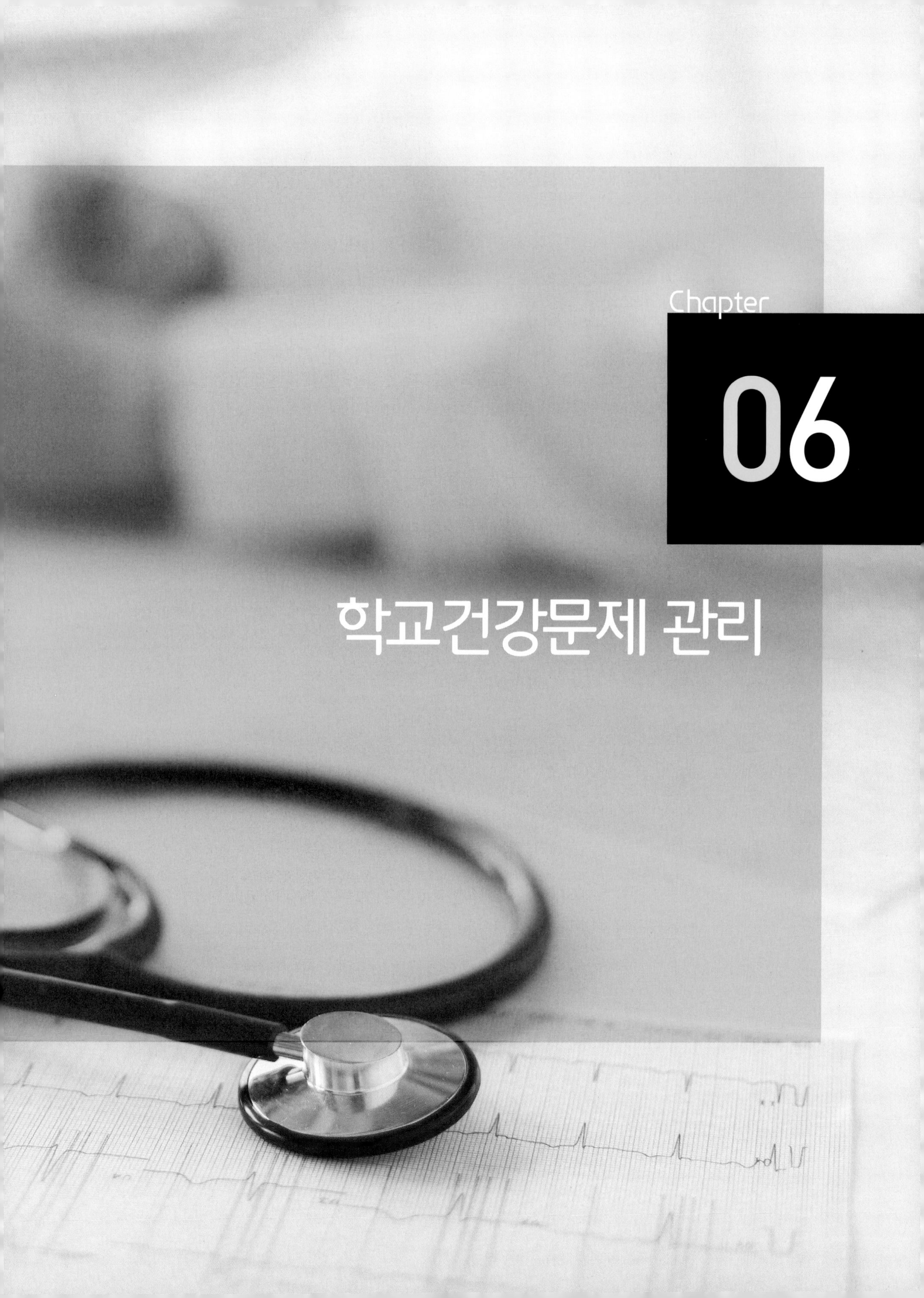

지금까지 학교건강문제 관리는 일반적으로 감염성 질환을 중심으로 질병의 조기발견과 질병 예방에 주력하여 왔다. 그러나 의학의 발달, 생활환경의 개선, 예방접종의 보급 및 보건지식의 향상 등으로 1970년도부터 감염성 질환이 현저히 감소하기 시작하고 만성 질환이나 선천성 건강장애를 비롯하여 비만, 시력장애, 정서적 적응장애, 난치병 등의 새로운 건강문제가 대두되고 있다. 즉, 기존의 감염병 발생은 줄어든 반면 해마다 신종 감염병이 발생하고 있고, 그 외에 음란물 이용 등 성관련 문제, 흡연 · 음주 및 약물사용 문제, 인터넷(스마트폰) 중독, 왕따, 학교 폭력 등 사회성 및 정신건강 문제가 늘어나는 추세이다. 또한 우리나라 학생들은 체격은 커졌지만 전체의 3/4이상 학생들이 1개 이상의 항목에서 이상이 있는 것으로 나타났다.

보건교사는 간호학의 기본 지식을 근거로 외상 등 흔히 볼 수 있는 환자의 치료, 응급을 요하는 자에 대한 응급처치, 부상과 질병의 악화를 방지하기 위한 처치, 건강진단 결과 발견된 질병자의 요양지도 및 관리 등 일차보건의료수준의 의료행위와 의약품의 투여 및 상병자에 대한 추후관리를 제공한다. 이를 위해 응급처치 및 상담 기술이 필요하고, 심리적 요인이 신체적으로 표현되는 경우 세심한 관찰이 요구된다.

제1절 통상적인 건강문제 관리

학교에서 흔히 발생하는 건강문제는 복통, 소화불량(식체), 설사, 변비 등의 소화기계 증상과 구토(오심), 두통, 발열, 요통, 월경통 등이 있다.

1. 복통

복통은 학생들에게 자주 나타나는 증상 가운데 하나이다. 복통이 경미한 증상일 수도 있지만 응급수술을 요하는 중증 질환일 수도 있으므로 주의 깊게 사정하여야 한다.

1) 원인

• 주로 상복통은 식체나 위염, 하복통은 변비나 가스팽만 등에 의한 증상이다.

- 청소년기에는 만성 염증성 질환, 궤양성 질환, 부인과적 질환 등을 고려해야 한다.
- 통증 위치가 배꼽에서 먼 지점일수록 기질적 원인에 의한 복통일 가능성이 높다.
- 복통의 흔한 원인은 주로 충수염이나 요로 감염증이다.
- 만성복통은 주로 소화성궤양, 과민성장증후군, 만성염증성장질환, 게실 등 기질적 원인이 많다.
- 정서적인 문제로 주의를 끌고자 하는 욕구가 강한 경우, 수업에 부담이 있는 경우, 학교공포감, 불안 등이 원인인 경우도 있다.

2) 사정

(1) 문진

- 당일이나 전날에 먹은 음식물의 양과 종류, 배변 유무, 변의 성상, 통증의 양상, 위치, 지속 시간 등을 확인한다.

(2) 촉진

- 위를 보고 눕게 하고 무릎을 세운 다음 따뜻한 손으로 아프지 않은 곳부터 복부를 만진다.
- 복벽의 긴장을 풀기 위해서 천천히 심호흡하게 한다.
- 압통 위치를 확인 후 복부를 눌러서 근육이 딱딱하게 저항하는지 확인한다.
- 천천히 깊게 누른 다음 손가락을 급히 떼었을 때에 오는 통증(반발통증)이 있는지 확인한다.

(3) 활력증후

- 체온 측정: 미열이 있으면 염증을 의심할 수 있다.

3) 중재

- 종류나 긴급도에 따라 처치해야 한다.
- 단순 식체나 변비로 인한 복통인 경우 소화제 투약 및 온찜질이나 복부마사지를 해주면 호전된다(단, 맹장염 등 염증이 의심될 경우에는 온찜질은 염증을 확산시키므로 금기하고, 진통제 투약도 보류).

- 증상이 호전되거나 원인을 찾을 때까지는 따뜻한 물만 마시고 그 외 다른 음식 섭취는 삼가한다.
- 심한 경우 보호자에게 발병상황을 알리고 병원 진료를 받도록 한다.
- 일상생활 상태, 식사나 배변 등 규칙적인 생활을 할 것을 지도한다.
- 만성 재발성 복통인 경우에는 원인질환을 알기 위해 진료를 받도록 권고한다.
- 정서적인 문제가 원인인 경우 정신과 의사에게 상담을 받도록 지도한다.

2. 소화불량(식체)

소화불량이란 음식을 섭취한 후 일어나는 소화장애 증세를 총칭하는 말로서, 위와 간-담도계 질환을 비롯한 다양한 원인에 의해 발생하는 소화기관의 모든 불쾌감과 증상을 말한다. 한 가지 증상만을 말하는 것이 아니고 속쓰림, 트림, 구역질, 상복부 불쾌감, 위장의 팽만감 등의 소화기 증세와 더불어 복통까지 동반되어 일어나는 모든 제반 증상을 포함하고 있다.

1) 원인

소화불량을 일으킬 수 있는 원인으로는 소화기질환, 심장질환, 전신적인 질환, 정신적인 질환을 포함하여 매우 다양하다. 췌장염, 담낭질환, 위암, 만성충수돌기염과 같은 소화기관의 질병이나 소화기관 이외의 부분에 생긴 빈혈, 폐결핵, 심부전, 요로감염증과 같은 병으로 인하여 발생할 수 있다. 식사 습관이 불규칙하거나 잘못된 식습관으로 급하게 식사하여 음식물이 충분한 소화 효소의 작용을 거치지 않고 소화과정이 원활하지 못하여 소화불량이 되는 경우도 있으며, 식사 중 또는 습관적으로 공기를 삼켜 더부룩한 증상이 계속되는 경우도 있다. 과다한 흡연, 커피 · 술의 과다섭취, 특정 음식에 대한 과민성이 원인이 될 수 있으며, 불규칙한 배변 습관과 일상 생활에서 받는 다양한 스트레스가 원인이 될 수도 있다.

2) 증상

소화불량은 음식섭취 후 소화가 안 되는 증상뿐만 아니라 식후 포만감, 식욕부진, 복부 팽만감, 조기 포만감, 트림, 상복부 불쾌감 또는 통증, 속쓰림, 오심(메

스꺼움), 구토, 위산 역류, 가슴앓이 등의 소화기계 증상을 모두 포함하고 있다. 가장 흔한 증상은 식후 불쾌감과 포만감이고, 대개 주기적으로 또는 지속적으로 증상이 있으며 호전과 악화를 반복한다.

3) 사정

소화불량을 일으킬 수 있는 질환은 소화기질환뿐만 아니라 심장질환, 전신적인 질환, 정신적인 질환 등 매우 다양하기 때문에 원인이 무엇인지 파악하기 위해서는 문진이 가장 중요하다.

- 당일이나 전날에 먹은 음식물의 양과 종류를 확인한다.
- 상복통, 오심, 구토 등 동반되는 증상뿐 아니라 음식과의 관계, 음식섭취 후 나타나는 시간, 지속시간, 스트레스와의 관계 등도 면밀히 확인한다.

4) 중재

- 환자가 느끼는 정도에 따라 처치해야 한다.
- 단순 소화불량일 경우는 소화제 투약 및 온찜질이나 복부마사지를 해주면 호전된다(단, 맹장염 등 염증이 의심될 경우에는 온찜질은 염증을 확산시키므로 금기하고, 진통제 투약도 보류).
- 완전히 소화될 때까지 물만 마시고 그 외 다른 음식 섭취는 삼가한다.
- 심한 경우 보호자에게 발병상황을 알리고 병원 진료를 받도록 한다.
- 자주 반복되는 경우에는 일상생활에서 규칙적인 생활 습관 및 잘못된 식습관을 개선하도록 교육한다.

[보건교육]

- 맵거나, 자극성이 강한 음식과 지방이 많은 음식, 술, 담배, 커피, 탄산가스가 포함된 음료수는 피한다.
- 규칙적으로 식사하고, 과식을 피하고, 부드럽고 소화 잘되는 음식을 천천히 잘 씹어 먹는 습관을 들인다.
- 취침 2~3시간 전에 식사를 하지 않는 것이 좋다.
- 스트레스를 피하도록 한다.
- 규칙적인 생활과 적당한 운동을 하고, 충분한 휴식을 취한다.
- 생활요법 및 식습관 개선만으로 증상이 조절되지 않을 경우에는 증상에 따라 위산 분비 억제제, 제산제 등의 궤양 치료제, 위장관 운동 촉진제 등 약물요법을 적절히 사용할 수 있다.

5) 치료

- 소화불량을 일으키는 원인이 다양한 만큼 치료방법 역시 다양하다. 다른 병으로 인해 발생하는 소화불량의 경우 그 기질적인 병을 치료하면 소화불량의 증상은 없어질 수 있으므로 원인질환을 찾기 위해 소화기내과 전문의의 진료 및 검사를 받도록 권고한다.
- 기능성 소화불량은 기질적인 병변은 없이 다양한 임상 형태로 나타나며, 식이 및 정신적 스트레스 등의 영향을 많이 받으면서 증상의 호전과 악화를 반복하기 때문에 치료가 단순하지 않다. 이런 경우 약에 의존하여 장기적으로 복용하는 것보다는 증상이 심할 때에만 약물을 복용하고, 평소에는 생활 습관의 개선 및 식이요법에 중점을 두는 것이 바람직하다.

3. 설사

1) 분류

- 급성 설사: 갑자기 발생하는 설사로, 대개 구토, 복통 등을 동반하고, 그 정도가 심하다. 주로 바이러스, 세균, 원충 등으로 인한 장관감염증, 식중독, 약품 및 식품첨가물에 의한 중독, 변비 등이 원인이다.
  - 감염성 설사: 복통, 설사 외에 발열, 두통, 식욕부진, 구토, 근육통 등이 나타난다.
  - 독소에 의한 설사: 통상 6시간 이내에 나타난다.
  - 세균감염에 의한 설사: 12~24시간 지나서 시작된다.
- 만성 설사: 다양한 원인으로 인해 서서히 발생하여 오랫동안 지속되는 설사로 대개 운동성 이상이나 흡수면적 부족이 원인이다.

2) 사정

- 대변의 양, 점성, 색깔, 냄새, 점액이나 출혈 등의 상태를 자세히 확인한다.
- 밤에 자다가 일어나 설사를 하는 경우는 기질적 원인인 경우가 많다.
- 배변량에 비해 배변횟수가 많고, 자주 화장실에 갈 경우는 직장에 염증을 동반한 사례가 많다.
- 복통을 동반하지 않는 설사의 경우는 과민성장증후군과 같은 기능성 설사일 가능성이 높다.

- 심한 구토를 동반하는 설사의 경우는 식중독 혹은 약품 등의 화학물질에 의한 중독일 가능성이 높다.

3) 중재

- 문진을 통해 대변의 양상과 동반되는 증상을 면밀하게 확인한다.
- 침실안정을 취한다.
- 복부에 온찜질이나 복부마사지를 해준다.
- 보통은 심하지 않은 경우는 끓인 물을 마시게 하거나 정장제를 투약한다.
- 심한 설사로 탈수에 빠지는 경우에는 이온음료 또는 포도당 용액을 마시게 하거나 지사제를 투약한다.
- 증상이 호전되지 않고 축 늘어질 경우 병원진료를 받도록 한다.

4. 변비

1) 원인

- 부적절한 식습관: 다이어트 등으로 음식물 섭취가 줄거나 불규칙적인 식사, 수분 및 섬유질이 부족한 식이
- 부적절한 운동습관: 걷기 등 운동부족으로 인해 장운동이 원활하지 않아서
- 정신적 긴장, 불안: 수학여행, 캠프, 소풍 등 생활의 변화
- 약물사용: 설사치료제, 진해제 등
- 질병: 갑상선기능저하 등

2) 사정

- 하복부가 단단하고 거북한지, 하복통이 있는지, 며칠 동안 배변이 없었는지, 식사량 등을 확인한다.
- 복부가 팽만하고, 좌하복부에 딱딱한 변 덩어리가 있는지를 촉진으로 확인한다.

3) 중재

- 침실안정을 취한다.
- 복부에 온찜질을 해준다.
- 장운동을 촉진하기 위해 손바닥을 배 위에 올려놓고 시계방향으로 원을 그

리듯이 복부마사지를 한다.

- 안정된 상태로 만들기 위해서 약물요법을 사용할 수 있으나 장기간의 관장이나 설사제, 항문 좌약의 사용은 의존성을 갖게 하므로 주의를 요한다.
- 장폐색으로 인한 증상으로 구토를 할 수 있으며, 경구 섭취를 할 수 없는 경우에는 응급상황이므로 담임, 학부모에게 연락하여 병원치료를 받도록 조치한다.
- 장기간 습관적으로 반복될 경우 섭취한 음식물의 종류를 파악하여 장운동을 촉진하는 다양한 방법을 교육하고 실천하도록 한다.

[보건교육]

- 매일 아침 일정한 시간에 규칙적으로 화장실을 가는 습관을 들인다.
- 평소에 미지근한 물을 자주 마시는 것이 좋다.
- 식이섬유가 풍부한 채소, 과일, 해조류, 잡곡밥 등을 골고루 섭취한다.
- 과일을 먹으면 변이 정체가 안 되고 식이섬유가 풍부하여 좋으나 오렌지 같은 장에 자극을 주는 과일은 되도록이면 피하는 게 좋다.
- 식사량을 줄이는 다이어트 방법은 피한다.
- 장운동을 촉진하기 위해 걷기 운동, 심호흡, 명상을 하는 것도 도움이 된다.

4. 구토(오심)

속이 메슥거리며 토할 것 같은 느낌을 구역(오심)이라고 하고, 위장 속의 내용물이 식도를 거쳐 입 밖으로 나오게 되면 구토라고 하는데 흔히 구토 전에 구역이 나타난다.

1) 원인

구토는 질병이라기보다는 하나의 증상으로서 다른 여러 가지 질환들에 동반되어 나타난다.

(1) 소화기계 이상

- 위 · 십이지장의 궤양이 심한 경우, 궤양이 있는 주위가 붓게 되어 위에서 십이지장 쪽으로 음식물이 내려가지 못하는 경우에 생긴다.
- 식도 하부 괄약근이 약해지면 술, 담배, 기름진 음식, 커피, 콜라, 스트레스 등

• 위장관 폐쇄, 식중독, 위장염, 충수돌기염, 담낭염, 간염, 간경변증, 췌장염, 복막염 등

(2) 신경계 이상

• 뇌에 실제로 변화가 생긴 기질적인 질환으로 뇌압이 올라가서 구토중추를 자극하여 발생
• 뇌출혈, 뇌경색, 뇌수막염, 뇌염, 뇌에 생기는 종양, 수두증, 기생충의 뇌감염, 만성 뇌질환, 편두통, 간질 등
• 멀미, 메니에르병이나 중이염 등 몸의 균형을 잡아 주는 전정기관에 질환이 있을 때

(3) 정신질환

• 대식증, 탐닉증

2) 사정

• 구토는 원인이 다양하기 때문에 동반된 증상들과 환자의 상태 등 자세한 병력을 청취한다.
• 가장 최근에 섭취한 음식물 내용, 복통 유무, 배변 유무 및 상태, 구토물 상태, 출혈 유무 등을 확인한다.
• 복통이 발생할 때 촉진을 실시한다.

3) 중재

• 기도흡입의 위험이 있기 때문에 누운 자세로 토하게 해서는 안 된다.
• 토할 때에는 즉시 얼굴을 옆으로 돌려주거나 구토물을 삼키지 않도록 측와위나 복와위를 취하게 한다.
• 식체 등 원인이 다양하므로 금식이 원칙이나 수분은 조금씩 제공한다.
• 입안은 물 등으로 청결하게 가글한다.
• 일단 금식을 하되, 증상이 호전되면 미숫가루, 죽과 같은 담백한 음식이나, 누룽지, 크래커 등과 같은 마른 음식, 또는 가벼운 차, 신선한 야채, 과일 등이 도움이 된다.
• 기름진 음식, 짜고 매운 음식, 지나치게 단 음식은 피하도록 한다.

- 구토물을 학생에게 보이면 오랫동안 심리적인 영향을 미치므로 주의한다.
- 급성 복통을 동반할 경우에는 중독이 의심되므로 구급차를 불러 후송한다.
- 반복적인 구토를 할 경우에는 심리적인 배경도 영향을 미칠 수 있음을 고려한다.

5. 두통

두통은 증상명이자 질환명이다. 전체 인구의 90% 이상은 두통을 경험한다고 하며, 두통으로 인한 고통은 비일비재하다. 특정 질병에 의한 두통을 이차성 두통이라고 하며, 특별한 원인을 찾지 못하는 두통을 일차성 두통이라고 한다. 두통 자체가 질병일 수도 있으나 특정 질병에 의한 증상일 수도 있으므로 이에 따른 진단과 치료를 받아야 한다.

1) 원인

- 두통은 수많은 원인이 있고, 이 중 뇌종양, 뇌혈관질환, 뇌염, 뇌막염 등 뇌질환은 그 원인 중 일부이다.
- 가장 흔한 원인은 감기처럼 열이 있는 경우나 정신적 스트레스를 많이 받을 때 나타나는 긴장성두통이다.
- 두통은 감기 등 아주 경미한 질환에서부터 뇌염, 뇌막염, 뇌종양 등 매우 위중한 병에 이르기까지 그 기질적 원인이 너무나 다양하다.

2) 사정

(1) 급성 두통

- 발열을 수반하는 두통의 원인은 감기나 인플루엔자 등이며, 가장 주의를 해야 하는 것은 뇌염, 뇌막염 등이다. 이 원인질환들은 구토, 의식장애, 경련 등의 증상을 동반하기 쉽다.
- 발열이 없는 심한 급성 두통의 원인은 두개 내 출혈 등이며 구토, 의식장애, 경련 등이 나타날 수 있다.
- 두부 외상 후의 두통은 오심, 구토, 현기증, 의식장애 등을 동반하며 점점 심해질 경우에는 주의를 요하고, 그 외의 경우에는 상태를 관찰한다.

(2) 만성 두통

- 만성 두통이 있는 경우 가장 먼저 감별해야 할 질환은 뇌종양으로, 이 경우 두통의 강도나 지속시간이 계속 증가하고 구토 등의 증상을 동반하기 쉽다.
- 지속적 두통의 원인은 편두통(혈관성 두통), 안과적 · 이비인후과적인 질환이나 기립성 조절장애를 동반하는 두통, 근수축성 두통(긴장성 두통) 등이다.
- 그 외에도 심인성 두통, 등교 거부 시 나타나는 두통 등이 있다.

3) 중재

- 원인질환의 치료가 가장 중요하며 대증적으로 여러 가지 진통제를 사용한다.
- 근수축성 두통인 경우에는 바른 자세와 적당한 운동을 권유한다.
- 심인성 두통이나 등교 거부 시에는 적극적인 경청과 격려 등의 상담 치료가 필요하다.
- 심인성 두통일 경우에는 학교뿐만 아니라 가정 내에서의 문제도 없는지 서로 정보를 교환한다.
- 합병증으로 의식장애가 나타나거나 편두통 발작으로 구토가 유발될 경우 응급상황으로 병원에 이송한다.

[원인에 따른 치료]

- 일차성 두통인 긴장성 두통은 약을 사용하거나 정신 치료, 바이오 피드백, 이완 요법 등을 이용하여 치료
- 일차성 두통인 편두통의 경우에는 안정된 분위기에서 푹 자게 해 주어야 하며 방은 어둡게 하고 잠들게 해주면 증세가 좋아진다. 초콜릿이나 땅콩은 두통을 심하게 하므로 먹여서는 안 된다.
- 이차성 두통의 경우는 원인을 치료하는 것이 최우선이며 뇌막염, 뇌출혈, 뇌종양, 납중독이 의심되면 병원에 가서 조속한 치료를 해야 한다.

6. 발열

발열(發熱, fever)은 질병이나 질환에 따른 증상의 하나로 정상 체온 이상으로 체온이 올라가는 것을 일컫는다. 체온이 증가하는 동안에는 보통 한기를 느끼게 된다. 발열은 여러 가지 원인으로 발생하지만, 특별히 높지 않으면 열을 낮추는

치료는 종종 필요하지 않다. 온도를 낮추어 보다 편안하게 하기 위해 해열제를 사용할 수 있다.

1) 종류

일반적으로 정상 체온은 36.5 ℃ 전후가 가장 많다. 임상적으로 발열은 37.5 ℃ 이상의 것을 가리킨다.

① 미열: 정상 체온에서 37.5 ℃ 까지나 만성 염증성 질환, 대사 항진, 빈혈, 임신, 결핵, 감염성 심장 내막염 등에도 동반되기 때문에 미열이라고 해서 안심할 수 없다.

② 발열: 37.5 ℃ ~ 38.5 ℃

③ 고열: 38.5 ℃ 이상

2) 원인

- 바이러스 감염: 감기, 인플루엔자 등
- 세균성 감염: 상기도 감염, 요로 감염, 장 감염, 뇌막염, 패혈증 등
- 예방접종, 약물투여 후 이상 반응
- 탈수

3) 사정

- 열의 정도(현재 체온, 가장 높은 체온): 미열, 고열
- 지속시간(열이 있는 기간)
- 열형(하루의 차이)
- 평상 시 체온
- 해열제 사용 유무
- 동반 증상: 발진, 이하선종창, 두통, 빈뇨, 임파선종창, 인후염, 중이염 등
- 열이 있는 경우 목 안(인후염 등), 귀(중이염 등)를 반드시 사정
- 소변검사(요로 감염 등) 실시

4) 중재

- 38℃ 이하의 발열인 경우 경과를 관찰한다.
- 38℃ 이상의 발열인 경우는 열을 식혀주는 것이 좋다. 옷을 벗기거나 얇게

입힌다. 머리 부분뿐 아니라 겨드랑이 및, 대퇴부 등을 식히면 효과적이다.

- 체온 상승기에는 오한이 있으므로 담요를 덮어 보온해주고, 열이 더 이상 오르지 않으면 다시 식혀준다.
- 대증요법: 주위의 온도 및 습도를 조절하고, 수분을 충분히 공급해주며, 미지근한 물수건으로 팔다리를 가볍게 문질러서 열을 발산시킨다.
- 심리적인 스트레스를 조절하고 신체적 활동을 제한하여 안정을 취하게 한다.
- 약물요법: 대증요법으로 호전되지 않을 경우 해열제를 투여한다. 아스피린은 소아에게 사용하면 라이증후군(Reye Syndrome)의 위험성이 있으므로 사용하지 않고, 보통 아세트아미노펜 또는 부루펜을 사용한다.
- 해열제는 열 유형을 변화시켜 임상경과의 혼란을 초래하므로 주의해서 투여해야 하고, 근본적인 치료는 발열의 원인질환을 찾아서 치료하는 것이므로 호전되지 않으면 병원진료를 하도록 학부모에게 연락한다.

7. 요통

요통이란 허리부위에서 다리까지 광범위하게 나타나는 통증을 말한다.

1) 원인

- 원인의 약 90%가 요추의 퇴행성 변화(사춘기 이후 나이가 많아짐에 따라 신체 조직이 변화되는 현상)이다.
- 직업적인 요인, 운동부족, 나쁜 생활습관, 정신적 요인 등이 퇴행성 요통의 유발 요인이 되며, 선천적인 기형이나 체질적인 요인도 작용한다.
- 장시간 앉아서 공부하거나 책걸상이 체격에 맞지 않는 경우에 요통 유발 빈도가 특히 높다.
- 긴장된 자세: 구부정한 자세는 요추의 정상적인 곡선을 사라지게 하여 평평한 허리가 된다. 오래 서 있으면 허리가 뒤로 젖혀지는 상태가 되어 허리 뒤쪽으로 통증이 유발된다.
- 근력의 불균형: 허리와 복부근육의 불균형은 허리의 통증을 유발시킨다.
- 근육경련(좌상이나 염좌): 주로 운동부족으로 허리 근력이 약하거나 피로가 지나칠 때 또는 갑작스럽게 무거운 부하를 감당하지 못할 때 발생한다. 이것

은 척추에 가해지는 과도한 힘에 의해 불안정한 힘의 균형을 유지하려고 척추를 지지하는 인대와 근육이 늘어나거나 파열되어 생긴다.

- 골다공증에 의한 척추 손상: 노화현상과 신체활동의 부족은 인체 내 뼈를 생성하는 반응이 느려져서 뼈의 무게를 정상적으로 유지하지 못하게 된다. 이러한 골다공증의 경우 척추는 다른 뼈와는 달리 부러지기보다는 눌려서 찌그러지는 경우가 많다. 이럴 경우 통증은 곧바로 일어나지 않고 몇 시간이 경과한 후에 심하게 나타나게 된다.
- 척추질환: 척추질환을 가지고 있거나 생리통이나 골반 내에 염증이 있거나 스트레스, 긴장, 불안 등이 있을 때도 요통이 생길 수 있다.

2) 중재

- 요통은 대부분 자연 치유되고, 보존적 치료로 통증이 완화될 수 있으며, 요통환자 중 2% 정도만 수술적 치료를 필요로 한다.
- 보존적 치료로는 급성기에는 물리치료나 약물치료를 할 수 있으며, 만성요통일 경우에는 올바른 자세와 허리를 강화시키는 운동이 필요하다.

[요통을 예방하는 올바른 자세]

요통을 예방하기 위해서는 평소에 허리와 배의 근육을 강화해야 한다.

○ 바르게 앉는 방법
- 의자에 앉을 때는 머리를 들고 턱을 안으로 잡아당기어 허리가 똑바로 되게 한다.
- 복부근육에 힘을 주고 가슴을 편다.
- 오래 앉을 경우에는 다리를 꼬고 앉는다든지 발에 발판을 얹어 무릎이 엉덩이보다 약간 높게 하는 것이 허리를 곧게 하는 데 도움이 된다.

○ 바르게 서서 일하는 방법
- 서서 일하는 시간이 많을 때 똑바로 서 있는 자세는 머리를 바로 들고 턱은 안으로 당기고 가슴을 펴고 복부근육에 힘을 주고 허리를 편평하게 펴서 일한다.

○ 올바르게 눕는 방법
- 허리를 보호하기 위해서는 온돌이 좋으며 침대를 사용할 때는 매트리스 밑에 나무판자를 깔아서 푹 들어가는 곳이 없도록 한다.
- 잠을 잘 때는 새우잠을 자는 것이 허리에 부담이 없으며 무릎 밑에 베개를 받치는 것이 좋고 베개를 너무 높이 베는 것은 좋지 않다.

[요통을 예방하는 허리강화운동]

- 윗몸일으키기 운동: 무릎을 구부린 채 바로 누워 양팔을 머리 위로 편 상태에서 윗몸을 일으키도록 한다.
- 쪼그려 앉고 일어서기 운동: 양발과 발목을 약 30도 정도 벌리고 선 자세에서 그대로 쪼그려 앉는다. 앉을 때 턱은 가슴에 붙인 상태로 유지하고 양팔을 양 무릎 사이로 떨어뜨려 손이 발 앞의 약 20cm 정도 전방의 바닥에 닿도록 한다.
- 무릎펴고 앉아 허리굽히기 운동: 앉은 자세에서 양발을 앞으로 똑바로 뻗은 채로 양손을 앞으로 하여 발끝에 닿도록 한다.

8. 월경곤란증

1) 분류

- 원발성 월경곤란증: 골반에 아무런 이상 소견 없는 일차성 월경통으로, 대개 초경이 있고 난 후 1~2년 이내에 나타나는데, 주로 젊은 여성에서 있으나 40대까지 계속될 수 있다.
- 속발성 월경곤란증: 기질적인 원인이 있는 이차성 월경통으로, 골반의 병변이 원인이 되어 발생하기 때문에 초경 후 수 년이 경과한 후에 생기고 무배란성 월경에서도 생긴다.

2) 원인

- 기능적 원인(원발성, 일차성): 자궁내막 세포에서의 여러 변화에 의해 프로스타글란딘이라는 물질의 생성이 증가하게 되면 이 물질에 의해 자궁수축의 톤이 증가하게 되어 월경통이 발생하게 된다. 따라서 일차성 월경통에서는 프로스타글란딘합성 억제제(NSAIDs)가 효과적이나 이차성 월경통에서는 덜 효과적이다.
- 기질적 원인(속발성, 이차성): 기질적인 원인에 의해 생기며, 통증은 생리 시작 1~2주 전에 시작되어 생리 끝난 후 수일간 지속된다. 원인으로는 자궁근종, 자궁선근증 및 자궁내막증 등이 있다.

3) 증상

- 대개 생리 시작 수 시간 전이나 생리 시작 직후에 통증이 시작되어 48~72시간 동안 지속된다.

- 통증은 방광 위쪽에서 진통과 비슷한 양상으로 느껴지며, 허리, 천골, 허벅지까지 통증이 전파될 수 있다.
- 오심 및 구토와 함께 설사를 동반할 수도 있다.
- 통증은 복막염과 달리 복부 마사지 혹은 신체의 움직임에 따라 완화될 수 있다.
- 방광 위쪽 부위에서 압통이 있을 수 있으나 상복부 압통이나 반동 압통은 없다.
- 장음도 정상이다.

4) 사정

- 평소 월경주기, 월경기간, 월경통 양상(발생시점, 정도, 부위, 지속시간), 월경량 등의 월경력과 동반되는 증상 등을 확인한다.
- 원발성 월경곤란증인지 확인하기 위해서는 골반 내 병변이 없다는 것과 동통이 주기적 양상을 띠는 것을 확인하는 것이 필수적이므로 정확한 진단을 위해서는 산부인과에 의뢰한다.

5) 중재

- 대증요법: 온열찜질팩을 통증부위에 대어주면 통증이 감소하고, 복부마사지나 심호흡, 명상, 아로마요법 등도 통증을 완화시킬 수 있다.
- 약물요법: 일차성 월경통은 원인이 자궁내막에서 생성되는 프로스타글란딘생성억제제를 사용함으로써 약 80%의 경우에서 효과를 볼 수 있다. 통증이 생기기 직전 혹은 생기자마자 복용하며, 6~8시간 간격으로 수일간 복용한다. 만약 효과가 없을 시에는 약의 용량을 올리거나 약의 종류를 바꾸어서 시도해 보는 것이 좋으며, 이러한 방법으로 수개월 동안 시도해도 효과를 보지 못할 때에라야 치료 실패라고 할 수 있다. 이 약물은 위 및 십이지장 궤양이 있거나 아스피린에 과민반응을 보이는 환자에게는 사용되어서는 안 되며, 부작용으로는 오심 , 소화장애, 설사 및 피곤 등이 있다.
- 위의 방법으로 치료가 안 되는 경우에는 마약성 진통제(코데인)을 2~3일 정도 사용해 볼 수 있다. 하지만 이러한 마약성 진통제를 사용하기 전에 심리적인 요인이 없음을 확인하고, 진단적 복강경을 실시하여 기질적 요인이 없

음을 확인하는 것이 중요하다.

- 기질적 원인이 없다는 것을 진단하기 위해서는 초음파 혹은 복강경 검사 등이 필요하다.

제2절 응급한 건강문제 관리

학교에서 자주 발생하는 응급한 건강문제는 찰과상, 절상, 자상, 타박상, 염좌, 골절 등의 외상, 화상, 비출혈, 눈의 외상과 이물, 귀의 외상과 이물, 구강외상, 천식, 간질, 과다호흡증후군, 심정지, 호흡정지, 자살(자해, 약물중독) 등이 있다. 먼저, 전신상태를 점검한 후 의식장애, 손발마비, 쇼크 증상 등이 있다면 즉시 병원으로 이송한다. 전신상태에 문제가 없을 경우 국소처치를 시행한다.

1. 외상

1) 찰과상

- 찰과상이란 마찰에 의하여 피부의 표면에 입는 외상을 말한다. 피부의 진피까지 상처를 입으면 꽤 출혈이 있다. 넘어지거나 둔한 물체에 의한 찰과 등이 원인이며, 자동차 사고에서 많이 볼 수 있다.
- 감염의 가능성은 적지만, 상처의 범위가 넓은 경우에는 바르는 약을 도포한다.
- 출혈이 있으면 먼저 지혈하고, 상처를 흐르는 물이나 생리식염수로 세척한다. 이때 이물질도 함께 제거한다. 세척 후에는 감염방지에 관심을 가져야 한다.
- 경우에 따라서는 파상풍 예방주사도 필요하다.

2) 절상

- 칼이나 종이, 유리조각 등 날카로운 물체에 의해 베이는 경우가 대부분이며, 소독 후 1회용 반창고를 붙여 두면 쉽게 치유된다.
- 상처가 깊고 넓어서 출혈이 심하거나 흉터가 생길 가능성이 있는 경우는 봉

합을 위해 병원으로 후송한다.

3) 자상

- 날카로운 것 등에 의해 찔려서 생긴 상처를 자상이라고 한다.
- 송곳이나 못에 찔리거나 연필, 샤프심 등으로 장난하다가 찔리는 경우와 마룻바닥, 목재, 책상, 의자, 문틈 등의 나뭇가지에 찔려서 오는 경우가 많다.
- 박힌 이물질을 제거하고 상처부위를 세척, 소독, 드레싱 한다.
- 상처가 깊거나 녹슨 물건일 경우에는 병원으로 후송하여 병원치료를 받는다.

4) 타박상

- 타박상이란 넘어지거나 맞거나 부딪혀서 연부 조직과 근육 등에 손상을 입어 출혈과 부종이 보이는 경우를 말한다. 피부 속의 세포조직이 파괴되어 속으로 출혈이 되어 검푸르게 멍이 든다.
- 두부, 흉부, 복부 타박 시 뇌나 내장의 손상 등 합병증에 유의하도록 한다.
- 대증요법: 타박상 부위에 냉찜질을 하고, 상처부위를 올려서 안정을 취하게 한다.
- 약물요법: 얼굴을 제외한 신체부위에는 소염진통제를 도포한다.

2. 염좌

인대(Ligament)는 관절을 안정화하고 단단하게 하는 역할을 하며, 관절을 정렬하여 유지해 주고, 관절의 움직임을 정상 범위 내에서만 되도록 제한한다. 이러한 기능을 하는 인대가 사고나 외상 등에 의해 손상된 것을 '염좌'라고 하며 흔히 "삐었다" 라고 말한다. 염좌로 인해 인대가 찢어지거나 늘어나므로 정상적으로 관절을 유지하는 역할을 할 수 없게 된다. 심하면 손상된 관절이 늘어나서 뼈가 탈골되거나 관절이 정상 범위 밖으로 벗어나기도 한다.

1) 단계별 분류

- 1단계(경도): 작은 손상으로 인대가 미세하게 찢어진 상태. 관절의 안정성에 영향을 미칠 정도는 아니다.

- 2단계(중등도): 손상된 인대가 부분적으로 찢어져 관절의 안정성이 경도 혹은 중등도로 망가진 상태이다.
- 3단계(고도): 인대가 완전히 찢어지거나 파열되어 관절의 안정성을 손실한 상태이다.

2) 원인

- 운동이나 강한 충격을 주는 사고에 의해 유발
- 자동차 사고로 인해 계기판에 무릎이 부딪힌 경우
- 얼음에서 미끄러져서 손목이나 어깨가 바닥에 부딪힌 경우

3) 증상

- 관절이 염좌될 경우 인대가 꼬아지거나 늘어나면 정상적으로 관절을 유지할 수 없게 된다. 심하면 염좌된 관절이 늘어나서 뼈가 탈골되거나 관절이 정상 범위 내에서 벗어나기도 한다.
- 압통과 더불어 손상된 관절에 동통과 부종을 유발한다.
- 중등도 혹은 심한 염좌의 경우 관절의 모양의 변화와 관절 기능의 변화를 가지고 올 수 있다.
- 이러한 기능의 변화에는 관절이 불안정한 느낌이나 불편한 느낌, 관절이 너무 헐겁다고 느껴지거나, 뼈가 제 위치에 있지 않은 느낌, 관절이 정상 움직임을 벗어난 느낌이 든다.

4) 중재: RICE요법

- Rest(안정): 손상부위를 움직이지 않는다.
- Ice(냉찜질): 부종과 통증을 완화시키기 위해 찬물에 담그거나 냉찜질을 한다.
- Compress(압박): 탄력붕대로 압박, 고정하여 관절부위를 지지한다.
- Elevation(거상): 손상부위를 높여주어 부종을 경감시킨다.

3. 골절

외부의 충격으로 뼈가 부러지거나 금이 간 상태이다. 우리 몸의 크고 작은 뼈

200여 개는 근육과 힘줄로 서로 단단히 연결돼 뼈대를 이룬다. 뼈는 몸 속의 중요한 장기들을 보호하고, 혈액을 만들며, 이동을 가능하게 한다. 골절은 뼈의 연속성이 완전히 또는 불완전하게 끊어진 상태이다.

뼈가 밖으로 노출되지 않고 피부 손상 없는 골절은 단순골절이라 하고 그 반대의 경우를 복잡골절이라 한다. 또 뼈에 금만 갔을 경우를 불완전 골절, 뼈가 부러지거나 조각났을 때를 완전골절이라고 한다.

1) 원인

- 낙상, 자동차 사고, 추락 등 직접적인 외상에 의해 많이 발생한다.
- 뼈에 붙은 근육이나 인대가 뼈를 잡아당겨 생길 수도 있다.
- 골다공증, 종양, 감염 등으로 약해진 부위에서 병적 골절(pathologic fracture)이 발생할 수도 있다.
- 피로골절(fatigue fracture, stress fracture)은 뼈의 일정 부위에 스트레스가 되풀이해 가해지면 발생하는데 주로 군인이나 운동선수들에게 많다.

2) 증상

- 통증 및 압통: 골절 부위의 부기(종창), 근육 경련, 뼈막(골막) 손상으로 통증이 발생한다. 부러진 뼈 부위를 압박하거나 움직이면 통증이 더 심해진다.
- 정상 기능의 상실: 골절된 부위가 비정상적으로 흔들리고 주위 관절이 아파서 움직이지 못한다. 인접한 관절의 운동이 부분적으로 혹은 완전히 상실되면 비정상적인 자세를 취할 수도 있다.
- 부종: 체액과 혈액이 손상 부위로 스며들어 팔다리가 붓는다.
- 감각 손상, 근육 경련, 마비 등도 올 수 있다.
- 골절 직후에 쇼크 증상을 일으키거나 얼마 지나서 발열, 오한 등을 보일 때가 있다.
- 골절로 인한 기형: 팔다리의 모양이 변한다.

3) 사정

- 활력증후 측정, 의식 상태 등 전신 상태를 확인한다.
- 의식이 있는 경우에는 환자에게 직접 상세하게 문진을 실시한다.

- 언제, 어디서, 왜, 어떻게 다쳤는지, 다친 부위와 증상 등을 확인한다.
- 의식이 없는 경우에는 주변 사람들(교사, 학생)로부터 환자에 대한 정보를 수집한다.
- 골절이 의심되는 부위의 통증과 압통, 기능 장애, 변형, 비정상적 움직임 등을 확인하고 특히 혈관이나 신경에 손상이 있는지 평가한다.

4) 중재

- 부러진 뼈 부위를 부목으로 고정하는 게 가장 시급하고 중요한 조치이다.
- 부러진 뼈 끝은 매우 날카롭기 때문에 골절 부위가 흔들리거나 꺾일 때 주위의 근육, 혈관, 신경 등을 손상시킬 수 있어 반드시 부목으로 고정해야 한다. 부목 고정은 통증은 물론 지방 색전증 등 합병증을 줄이고, 환자를 옮기거나 병원에서 방사선을 촬영할 때 도움을 준다.
- 골절부위를 고정할 때에는 체간에 가까운 곳은 체간과 함께, 장관절은 양쪽의 관절과 함께, 손가락은 나머지 손가락 몇 개와 같이 고정하며 다리 부분은 싸듯이 고정한다.
- 환자를 따뜻하게 하고 안정시킨다.
- RICE요법: Rest(안정), Ice(냉찜질), Compress(압박), Elevation(거상)
- 환자가 의식이 없을 경우 쇼크(shock)에 대한 간호를 실시한다.
- 출혈이 있으면 출혈에 대한 간호를 실시한다.

4. 화상

화상은 넓은 의미로 열에 의해 피부세포가 파괴되거나 괴사되는 것을 말한다.

1) 원인에 따른 종류

- 화염화상: 화재사고나 프로판, LPG 가스의 폭발로 인하여 화상을 입는 경우를 말하며, 대개 상처가 깊고, 호흡기에 손상을 동반할 수 있다. 연기로 인한 질식 때문에 화상 후 1시간 내에 사망할 수도 있다.
- 열탕화상: 뜨거운 물이나 식용유, 수증기 등에 의하여 화상을 입는 경우로 주로 2도 화상이 많으며, 어린이에게 많이 발생한다. 피부조직의 손상으로 흉터가 남을 수 있고 근, 골격 성장을 저해할 수 있다. 또한 상처에 세균

이 감염되지 않도록 주의해야 한다. 학교에서는 가사실습 시간에 주로 발생한다.

- 전기화상: 전류가 몸에 감전되면서 발생하는 화상으로, 일반 가정에서 사용하는 낮은 전압에서도 화상을 입을 수 있다. 화상부위는 넓지 않아도 종종 심장, 근육, 혈관에 심각한 후유증을 입게 된다.
- 화학화상: 산, 알칼리(양잿물 등)나 일반 유기 용매제의 접촉에 의하여 일어나는 화상으로, 경우에 따라 심각한 장애를 유발할 수 있다. 학교에서는 주로 과학실험 시간에 발생한다.
- 접촉화상: 뜨거운 철판, 다리미, 전기장판, 뜨거운 운동장 등에 피부가 장시간 노출되면서 발생하는 화상이다. 학교에서는 주로 체육시간 등 야외활동 시에 넘어져서 발생하며, 대개 3도 화상으로 진행하게 된다.
- 방사선화상: X-선, 라듐, 자외선 등에 의해 서서히 나타나는 화상으로, 학교에서는 주로 체육시간 등 야외활동 시에 발생한다.

2) 정도에 따른 종류 및 증상

화상의 깊이에 따라 나뉘고 증상도 조금씩 다르다.

- 1도 화상: 해변가에서 강한 태양광선을 쪼이거나 가스의 폭발 또는 뜨거운 액체에 순간적으로 접촉하였을 때에 발생되는데, 상처부위는 동통과 함께 피부가 빨갛게 되는 발적 현상을 보인다. 아프지만 물집은 생기지 않는다. 수일이 경과하면서 흔적 없이 낫게 된다.
- 2도 화상: 주로 열탕화상이나 가벼운 화염화상에 의하여 나타나며, 대부분 수포(물집)를 형성하며, 피하조직의 부종을 동반하고 심하게 통증을 느낀다. 감염만 되지 않는다면 2~4주 정도 경과하면 엷은 반흔을 남기면서 치유가 가능하나, 감염되는 경우는 반흔을 남기고 치유되게 된다.
- 3도 화상: 피부의 표피, 진피층은 물론 피하조직까지 손상받은 경우로, 피부는 건조하며 밀랍 같은 흰색 또는 타버린 갈색이나 검은색으로 변하며 피부감각을 상실하여 핀으로 찔러도 동통을 느끼지 못한다. 환부는 주위조직보다 가라앉은 듯이 보인다.
- 4도 화상: 최근에 사용되기 시작한 용어로 피부의 전층과 함께 피하의 근육, 힘줄, 신경 또는 골조직까지 손상받은 경우에 사용되고 있다.

3) 중재

- 1도, 2도 화상인 경우 먼저 차가운 물로 충분히 열기를 식힌 후 바셀린연고 또는 화상연고를 바르고 소독된 거즈 등을 덮어 오염된 공기접촉을 피한다.
- 3도 화상인 경우 감염 우려로 찬물로 식히지 않고 소독된 젖은 거즈로 화상부위를 느슨하게 드레싱한 후 바로 병원으로 이송한다.
- 3도 이상의 화상과 넓은 범위의 중한 화상인 경우에는 의복을 느슨하게 하고, 상처부위의 옷은 강제로 벗기지 않고 몸을 따뜻하게 해 준다.
- 화상부위의 물집은 일부러 터뜨리지 않도록 주의한다.
- 환자를 안정시키고, 쇼크에 대한 예방을 한다.
- 의식이 있으면 물을 조금씩 주어 수분을 보충시킨다.
- 머리 부분에 화상을 입은 경우 기도가 부어서 막힐 우려가 있으므로 인공호흡에 대비를 해야 한다.
- 화학약품에 의한 화상인 경우는 화학약품에 젖은 의복을 빨리 벗기고, 즉시 다량의 물로 세척해 화학약품의 농도를 희석해야 하며, 소독한 후 연고를 바르고 청결한 거즈를 덮는다.
- 응급처치가 끝난 후 즉시 화상전문병원으로 이송하여 치료를 받도록 한다.

5. 비출혈

외상이나 자극, 출혈 경향성의 증가에 의해 코에서 피가 나는 상태이다.

1) 원인

■ 국소적원인: 직접적으로 비강 내 점막이나 혈관에 손상을 주어 출혈을 일으키는 원인은 다음과 같다.

- 외상: 점막 손상, 골절, 수술 등으로 원인의 대부분을 차지
- 염증: 급성비염, 부비동염, 알러지성비염 등
- 종양: 섬유종, 비강 또는 부비강, 비인두의 신생물
- 비중격의 구조적 이상

■ 전신적원인: 주로 혈관과 혈액 응고와 관련된 전신적 기저질환으로 다음과 같다.

- 혈액응고 장애: 혈우병, 자반증, 괴혈병, 빈혈증, 백혈병 등의 혈액질환

- 심혈관질환: 심근경색, 협심증, 부정맥, 심부전, 특히 동맥경화증, 고혈압 등
- 간질환: 만성 간염, 지방간, 간경화 등
- 신장질환: 신부전
- 중금속(수은, 크롬 등)의 전신적 독성
- 감염성 질환: 장티푸스, 백일해, 디프테리아 등
- 지속적인 음주

2) 중재

- 비출혈이 심하다고 생각하거나 반복되면 당황하기 때문에 마음을 안정시키는 것이 중요하다.
- 비익(Kiesselbach's area–비출혈의 90%가 발생하는 비중격 전방의 모세혈관총)을 가볍게 압박한다.
- 출혈 쪽의 비강을 탈지면으로 막고 앉은 자세로 고개를 앞으로 약간 숙이고 5분 정도 압박하게 한다.
- 탈지면을 너무 심하게 압박하면 오히려 출혈부위 주변의 비점막을 손상시키기 쉬우므로 주의하며, 5~10분 동안은 탈지면을 교환하지 않도록 한다.
- 비출혈이 멈추었다 해도 재발가능성이 있으니 24시간 동안은 심한 운동, 코를 풀거나 코로 숨을 세게 들이마시는 동작, 대중목욕탕 등 뜨거운 환경에 노출되지 않도록 지도한다.
- 출혈이 30분 이상 지속되면 이비인후과로 후송해서 전기소작 등 적절한 치료를 받도록 한다.
- 타박 등의 외상에 의한 경우는 골절 등 다른 부상을 확인하기 위해 병원진료를 받도록 한다.
- 원인질환이 있는 학생은 운동 등에 대한 주치의의 처방을 참고로 한다.

6. 눈의 외상과 이물

1) 안구 좌상

- 얼굴에 타박상을 입은 경우 힘의 강도에 따라 안구가 파열되기도 하므로 반드시 안과병원으로 후송하여 정밀검사를 받도록 한다.

- 만약 전방출혈이 있거나 안구파열이 있는 경우는 양쪽 눈을 붕대로 감고 후송해야 한다.

2) 안구 천공상

- 눈을 만지거나 누르지 말고, 외부로부터 보호하기 위해 금속재질의 눈 보호대를 대고 즉시 안과전문병원으로 후송한다.
- 각막 천공상인 경우는 안연고제는 투여하지 않는 것이 좋은데, 그 이유는 전방 속으로 들어가기 때문이다. 그 외 눈외상의 경우에도 스테로이드제가 들어 있는 안약류는 점안하지 않는다.

3) 화학적 화상

- 산성이나 알칼리성 물질이 눈에 들어가면 결막과 각막에 심한 화상을 입는다.
- 눈 세척이 가장 중요한 응급처치이며, 충분한 양의 물로 적어도 15분 이상 계속한 후 병원으로 후송한다.

4) 결막 이물

- 주로 상안검 검판 하구에 이물이 잘 들어간다.
- 눈 세척을 하는 게 가장 좋은 방법이다.
- 눈을 아래로 보게 하고 상안검을 뒤집은 후 소독된 면봉으로 주의 깊게 제거하는 것도 한 방법이다.

5) 각막 이물

- 각막에 이물이 박혔을 때는 눈을 비비지 말고, 절대 이물을 제거하려 하지 말고 즉시로 안과의사의 진찰을 받도록 한다.
- 소독된 기계를 사용하여야 하고 세균감염을 방지하기 위하여 항생제를 사용하여야 한다.

6) 출혈이나 시력장애

- 눈 또는 눈꺼풀에 출혈이 있는 경우 지혈시키려고 함부로 누르지 말아야 한다.
- 눈의 출혈이나 시력장애 등이 있을 때는 눈의 손상 여부를 알기 위해 안과의사의 진찰을 받도록 한다.

7. 귀의 외상과 이물

1) 외상성 고막천공

- 원인: 외상, 폭발, 잠수 등으로 외이도 내 기압의 변화
- 주로 손으로 맞거나 부딪혀 고막 파열이 생기며, 칼로 찌르는 것 같은 통증과 동시에 귀가 멍멍하고 경도 난청과 이명을 동반한다.
- 코를 세게 풀거나 귀를 손으로 만지거나 귓속으로 물이 들어가지 않도록 교육한다.
- 전문의 치료를 받도록 즉시 병원으로 후송한다.
- 2차감염 예방을 위해 항생제를 투여한다.
- 만약 중이에 감염이 없으면 재생되어 2~3주 내에 흔적 없이 막히게 된다.
- 수개월 후에도 천공이 막히지 않으면 고실 성형술을 하여 치료할 수 있다.

2) 귓속의 이물

- 원인: 파리, 모기 등 작은 벌레나 기타 날벌레 등 침투, 작은 알맹이, 콩알, 팥알 등 삽입
- 예리한 기구로 제거하지 말아야 하며, 살아 있는 벌레가 들어갔을 경우에는 빛을 비추어 따라 나오게 한다.
- 빛을 따라 밖으로 나오지 않을 때는 식용유 등을 넣어서 귓속의 벌레를 죽여 꺼낸다. 곡물 등이 귓속에 들어갔을 때도 식용유를 넣어 주면 귓속에서 곡물이 부피가 커지는 것을 방지할 수 있다.
- 위의 방법이 효과가 없을 때는 전문의의 진료를 받도록 한다.

8. 구강 외상

1) 악골 골절

- 주로 운동이나 싸움 등으로 넘어지거나 부딪혔을 때 발생한다.
- 입을 벌렸다가 다물 때와 어금니를 꽉 다물었을 때 동통이 있는지를 확인한다.
- 탄력붕대로 턱을 고정시켜서 입을 벌리지 못하게 한다.
- 응급처치 후 곧바로 치과로 후송한다.
- 골절을 방치해 두면 심한 기능장애 및 안면 변형을 유발할 수 있으므로 주의한다.

2) 치아 탈구

- 주로 둔탁한 물건(축구공, 주먹 등)에 타박상을 입은 경우에 발생하며, 주변 조직이 파괴되어 완전히 치아가 빠진 경우는 치관부를 손가락으로 잡고 식염수를 흐르게 하여 치근부의 이물을 가볍게 씻어낸다.
- 빠진 치아의 재이식 성공을 위해 식염수, 우유, 혀 밑에 보관하여 30분 내로 치과에 후송한다.
- 생리식염수에 빠진 치아를 보관하여 치과에 가져가는 것이 가장 좋다.
- 생리식염수를 구할 수 없다면 우유에 담가서 가져간다. 우유에 소금 1스푼 정도를 섞으면 훨씬 더 좋다.
- 우유도 구할 수 없으면 자기 입 속 혀 밑에 보관하여 가는 것도 좋다.
- 치아탈구 시 치과 도착 시간이 중요한 이유는 30분 이상 경과되면 치주인대 세포들이 빠른 속도로 괴사되기 때문이고, 만약 30분 이내에 이루어지면 성공률은 95% 이상으로 치근흡수같은 부작용이 거의 없다.

9. 과호흡증후군

1) 정의

어떤 이유에서든 과도하게 호흡하게 되어 이산화탄소가 과도하게 배출되면 동맥혈의 이산화탄소 농도가 정상 범위 아래로 떨어지게 되어 호흡곤란, 어지럼증, 저리고 마비되는 느낌, 실신 등의 증상이 나타나는 상태를 과호흡 증후군이라고 한다. 주로 젊은 여성에서 호발한다.

2) 원인

- 정신적 스트레스가 주 원인이며, 발작적으로 과도한 호흡을 하게 되어 나타난다.
- 정신적 불안, 흥분, 긴장이 원인이 되어 과호흡이 발생하고 증상이 유발되면, 이러한 증상들이 다시 불안을 조장하여 과호흡을 지속시키거나 증상을 악화시키는 악순환을 일으킨다.
- 신체적인 원인으로는 폐 자체의 질환(폐렴, 폐색전증, 폐혈관 질환, 천식, 기흉 등), 심장 질환, 저산소증, 대사성 산증, 발열, 패혈증 등이 있다.
- 일부 약물에 의해서도 일어날 수 있다.

3) 증상

- 불과 수 분 이내에 호흡이 빨라지고 적은 양의 호흡이 매우 힘들게 이루어지며 어지러움, 시력장애, 의식저하, 심하면 실신까지 발생한다.
- 또 다른 증상으로는 팔 다리 감각 이상, 경련, 근력저하, 마비되는 느낌 등이 나타날 수 있다.
- 발작이 지속되면 혈액이 점점 알칼리화되므로 심장의 박동이 불규칙하게 되는 부정맥이 발생하며, 심장 혈관이 수축되어 심근 허혈 증상(흉통)이 나타날 수 있다.

4) 사정

- 문진: 병력을 확인한다. 최근의 불안증, 약물 과다 복용 유무 등을 물어본다.
- 신체 검진: 빈 호흡의 유무, 구강 주위, 손과 발의 무감각 및 저림, 경련 등을 살펴본다.
- 산소포화도(SPO2)를 측정한다.

5) 중재

① 봉투에 의한 재호흡법

- 가장 많이 이용되고 있는 방법 중의 하나로 환자 자신의 호기로 재호흡시키는 방법이다.
- 공기로 봉투를 부풀려 그 안의 공기를 호흡시킨다.
- 호기 안의 탄산가스를 재흡입하게 되므로 폐포 공기의 탄산가스 농도가 상승하여 pH가 정상화되고 호흡성 알칼리증에 의한 증상이 감소된다.

② 침착한 태도로 환자에게 과환기로 인해 탄산가스가 체내로부터 배설됨으로써 증상이 나타남을 이해시킬 수 있도록 충분히 설명한다.

③ 불안감과 공포감, 정신적 스트레스를 제거하도록 한다.

④ 호흡을 참으면 증상이 완화됨을 설명하여 환자가 실천할 수 있도록 한다.

⑤ 재발하는 경우가 많으므로 재발할 것 같다고 느낄 때는 스스로가 의식적으로 호흡을 조절하고 심리적 안정을 하도록 돕는다. 하지만 스스로 조절이 안 되면 정신과 치료를 병행하도록 한다.

⑥ 필요 시 항불안제를 투여할 수 있다.

10. 천식

알레르기염증에 의해 기관지가 반복적으로 좁아지는 만성호흡기 질환이다. 우리나라 성인 인구의 5% 정도가 천식을 앓는 것으로 알려져 있으며, 최근 전 세계적으로 환자 수가 증가하고 있다.

1) 원인

기관지천식은 유전적 요인과 환경적인 요인이 함께 상호작용하여 나타난다.

(1) 대기 알레르겐

- 꽃가루: 봄에는 수목, 여름에는 목초, 가을에는 잡초 화분이 날린다. 화분은 바람에 의해 수 km씩 이동하므로 도시에서도 높은 분포를 보인다.
- 곰팡이: 실외의 곰팡이는 종류에 따라 포자 형성시기가 다르나 우리나라에는 우기인 7, 8월에 분포가 절정에 달한다. 집 안에서는 습도가 높은 지하실, 창고, 부엌에 많고, 부패된 음식물에도 곰팡이가 숨기 쉽다.
- 집먼지진드기: 카펫, 침대 메트리스, 천으로 만든 소파, 커튼, 봉제인형 등에 서식한다.
- 바퀴벌레: 바퀴는 체부가 중요한 알레르겐이다. 약제로 박멸하고 실내, 특히 부엌을 깨끗이 하고 음식물 찌꺼기를 없애야 한다.
- 동물 알레르겐: 고양이는 털뿐 아니라 침에도 알레르겐이 존재한다. 애완견도 문제가 되며 개와 고양이의 털 사이에는 교차 항원성이 존재한다.

(2) 실내의 비특이적 자극원

- 담배연기: 담배연기는 증상을 악화시키므로 천식 환자는 금연해야 한다. 어머니가 흡연할 경우에 아동의 천식 발생 빈도가 증가한다.
- 냄새: 음식 조리 시 발생하는 냄새, 향수, 각종 스프레이, 방향제, 난방기구의 냄새 등이 천식 증상을 악화시킬 수 있으므로 음식을 조리할 때는 후드를 사용하고, 환기를 잘 해야 한다.

2) 증상

- 천명: 숨을 들이쉬고 내쉴 때 나는 휘파람 비슷한 소리(색색거리는 소리)
- 기침: 발작적이고 밤에 더 심함

- 흉부압박: 가슴을 조이는 듯한 답답한 느낌
- 호흡곤란: 마치 빨대를 입에 물고 숨을 쉬는 것처럼 숨이 참
- 가래: 끈끈하고 덩어리가 있는 가래

3) 특징

(1) 천식 증상은 복합적이며 자주 변한다.

- 환자에 따라 기침만 하거나, 호흡 곤란만 느낄 수도 있지만 대부분의 환자에서는 이런 증상들이 함께 나타난다.
- 때로는 오래 지속되고 반복되기도 하는 등 천식의 증상은 자주 변화하는 것이 특징이다.

(2) 환자에 따라 같은 양상으로 발작이 반복된다.

- 어떤 사람은 감기 증상이 있다가 서서히 악화되어 심한 천식 발작을 일으키기도 하지만, 또 어떤 사람은 전혀 증상이 없다가 갑자기 심한 천식 발작을 일으키기도 한다.
- 증상의 발현과 악화 정도, 회복 기간 등에서 환자마다 특징적 양상으로 반복되는 수가 많다.

4) 사정(진단)

(1) 문진

- 기침, 천명, 호흡곤란 등 호소하는 증상을 확인한다.
- 가족 중 천식 환자가 있는지 가족력을 확인한다.

(2) 진단 검사

- 폐기능 검사: 폐활량과 호기 속도 측정을 통해 기관지가 좁아진 정도를 알 수 있다.
- 기관지유발시험: 기도과민증의 정도를 검사하여 천식을 진단
- 피부단자시험: 공기 중의 원인물질을 확인할 수 있다.

5) 중재(치료)

- 원인이 되는 대기알레르겐과 비특이적 자극원을 차단한다.

- 청결유지와 실내 습도를 낮추는 것이 예방책이다.
- 천식 증상이 심할수록 환경관리 외에 약물치료가 중요하다.
- 천식 치료약물은 장기적 질병 조절제와 속효성 증상완화제로 나눌 수 있다.
- 질병조절제로는 장기적으로 기도의 염증반응을 억제하고 천식 발작을 예방하는 약제로 매일 규칙적으로 사용하며 증상이 없어도 사용한다. 대표적인 약제로 세레타이드, 심비코트, 풀미코트, 후릭소타이드 등이 있다.
- 증상완화제는 천식 증상을 즉시 완화시켜 주는 속효성 기관지 확장제로 증상이 심할 때에만 사용하며 효과가 즉시 난다. 대표적인 흡입제로는 벤톨린이 있다. 흡입제는 약물이 직접 폐에 전달되어 다른 부작용 없이 효과를 낼 수 있도록 만들어진 약제이나 사용법이 정확하지 않으면 약물이 제대로 폐에 도달되지 않으므로 정확한 사용법을 익히는 것이 무엇보다도 우선되어야 한다.
- 알레르기 원인물질에 대한 과민반응을 억제하는 치료법으로 효과가 오랫동안 지속되며, 원인 물질에 다시 노출되어도 발작을 예방할 수 있는 치료법으로 면역치료가 있다. 원인항원이 분명한 환자에서만 효과를 얻을 수 있다. 적어도 3년 이상의 장기간 치료가 필요하며, 반드시 알레르기 전문의사에 의해 시행되어야 한다.

6) 기관지 천식의 관리원칙

- 천식은 장기적으로 꾸준히 관리해야 하는 만성적 질환이므로 질병조절제를 매일 투여하는 것이 천식관리의 핵심이다.
- 천식 악화 인자들을 피해야 한다. 천식을 악화시키고 증상을 유발하는 요인(알레르기 항원, 찬공기, 감기 등)을 가능한 한 피해야 한다.
- 증상이나 최고호기유속을 잘 기록하면 천식관리에 큰 도움이 된다. 매일 증상과 폐기능을 기록하면 응급 상황에 알맞게 대처할 수 있으며 병원 진료 시 의사의 처방 계획에 큰 도움이 된다.
- 규칙적으로 의사를 방문해야 한다.
- 천식을 성공적으로 관리하려면, 의사와 환자가 함께 지속적으로 관리계획을 세워야 한다.
- 천식 발작 시 응급대처법을 익혀야 한다. 증상이 악화되었을 때를 대비하여

응급약제 투여방법, 병원 상담실 연락, 응급실 이송 등 대처방법을 정확히 알고 있어야 한다.

제3절 건강관리 대상자 상담 및 추후관리

1. 목적

건강상태 조사 및 상담을 통하여 건강관리 대상자를 파악하고 지속적으로 관리하여 건강하고 안전한 학교생활 및 자기 건강관리 능력의 배양을 꾀한다.

2. 시기

매 학년 초 3월경에 실시한다.

3. 대상자(학생 및 교직원)

- 지속적인 관리를 요하는 자
- 현재 진행 중인 질환을 갖고 있는 자
- 과거 앓았던 질환으로 인해 현재의 학교생활에 유의할 필요성이 있는 자
- 위의 상태로 인하여 학습 혹은 근무에 어려움이 있는 자

4. 관리 내용

- 과거 및 현재의 질환으로 인한 학습의 어려움을 파악
- 건강상의 문제에 대한 지속적인 관찰과 그 치료에 따른 관리 및 교육
- 재발 혹은 발생 가능성이 높은 질환에 대한 사전 교육 및 관리를 통한 예방

5. 관리 방법

- 건강상태 조사를 통하여 건강관리 대상자 선정 및 건강정보를 확보한다.
- 건강관리 대상자에 대한 정보를 담임교사 및 교과담당교사에게 제공하여 학습활동에 참고하도록 하여 사고 및 상병악화를 미연에 예방할 수 있도록

한다.

- 개인별 건강관리 내용을 상담일지에 작성하여 지속적으로 상담, 교육, 관리 한다.
- 건강관리 대상자의 학부모 및 의료기관과의 지속적인 연락을 통해 건강에 관한 정보를 획득하고, 건강상 발생할 수 있는 문제에 대해 예방할 수 있도록 한다.
- 필요한 경우 관리학생의 진학 시, 진학 학교의 보건교사에게 정보를 제공하여 학교생활에 도움이 되도록 한다.

Chapter

07

응급상황 관리

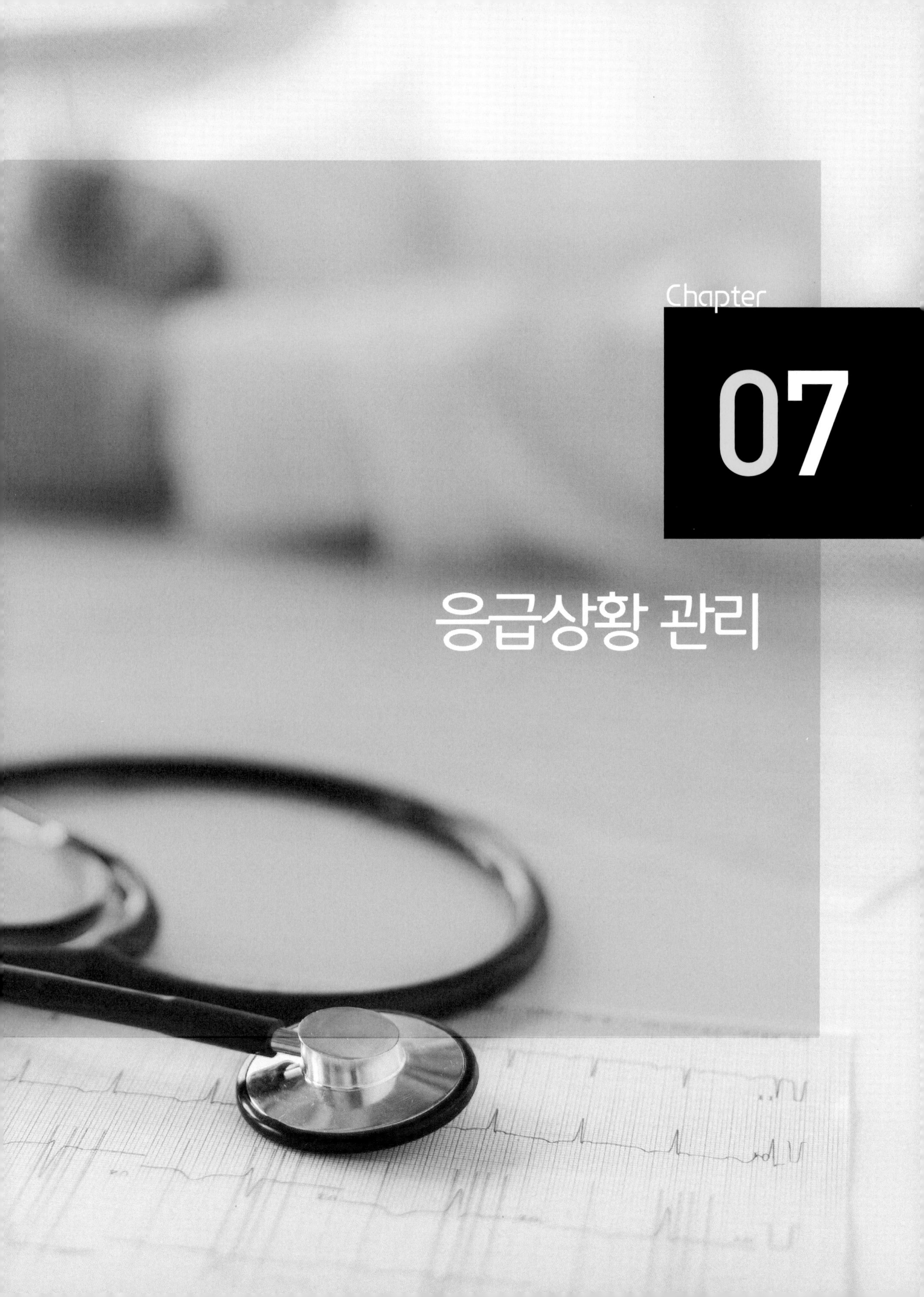

아동 · 청소년기는 신체활동량이 많지만 판단력과 주의력이 부족한 발달특성을 갖고 있어 학교생활 중 여러 가지 안전사고 위험에 노출되어 있다. 또한 학교에서 발생하는 응급상황은 매우 다양하고 복합적이라서 신속하고 확실한 조치가 이루어지지 않는다면 2차적인 문제로까지 발전할 수 있어 정상적인 교육과정 운영을 방해하는 요인이 될 수도 있다. 최근 학교 내에서 교육과정 중에 발생하는 응급사고로 의료기관에 후송하는 사례가 점점 늘어나고 있는 추세이고, 특히 생명을 위협할 정도의 심각한 사안은 학교에서의 초기 응급처치가 매우 중요한 것으로 이에 대한 교사들의 적절한 관리역량과 학생들의 안전과 건강보호에 대한 학교의 책무성이 요구되고 있다. 따라서 학교생활 중 발생할 수 있는 응급상황에 대한 관리체계를 구축하고, 상황 발생 시 신속하고 적법하게 학생의 건강문제에 대처할 수 있도록 학교가 역량을 갖추는 것은 매우 중요하다.

제1절 응급상황 관리의 개요

1. 목적

학교교육과정 중 발생하는 안전사고에 대비하기 위한 목적으로 학교응급체계 및 관리계획을 수립해야 한다.

- 응급환자 발생 시 신속한 응급처치 및 의료기관으로의 후송
- 응급환자에 대하여 적기에 적정 수준의 응급 의료를 제공
- 학생의 생명과 건강을 보호하고, 증상의 현저한 악화를 방지하여 후유증을 최소화

2. 법적근거

- 학교보건법 제12조(학생의 안전관리) 학교의 장은 학생의 안전사고를 예방하기 위하여 학교의 시설 · 장비의 점검 및 개선, 학생에 대한 안전교육, 그 밖에 필요한 조치를 하여야 한다.
- 응급의료에 관한 법률 제8조(응급환자에 대한 우선 응급의료 등)
- 응급의료에 관한 법률 제11조(응급환자의 이송)

• 응급의료에 관한 법률 시행령 제8조(응급처치 교육 · 홍보 계획 수립 등)
• 응급의료에 관한 법률 제5조의2(선의의 응급의료에 대한 면책)
• 학교에서의 응급의료 관리체계(2011. 12, 교육과학기술부 매뉴얼)
• 학교보건 기본방향(2015. 3. 10, 대구광역시동부교육지원청)

3. 용어 정리

① 학교 응급체계: 학교 내 · 외의 교육활동과 관련하여 학생 및 교직원에게 발생한 응급상황으로부터 사고에 대한 손상을 최소화하기 위한 상담 · 구조, 이송 · 응급처치 등의 관리체계

② 학교 안전사고: 교육활동 중에 발생한 사고로 학생, 교직원 또는 교육활동 참여자의 생명 또는 신체에 피해를 주는 모든 사고 및 학교급식 등 학교장의 관리 감독에 속하는 업무가 직접 원인이 되어 학생, 교직원 또는 교육활동 참여자에게 발생하는 질병으로서 대통령이 정하는 것

4. 응급처치의 기본자세

① 전문적인 지식과 행동으로 신속하고 자신감 있게 응급처치

② 가능한 신속하게 환자의 활력증상(vital sign)을 측정

③ 불필요하게 환자의 이동을 억제하고, 환자에게 편안한 자세를 유지하도록 하며, 기도유지 및 척추 손상 예방에 유의(골절 환자의 경우 자세 전환 시 이차적인 손상을 방지하기 위함)

④ 상황을 판단하여 위급한 경우 전문 의료기관으로 즉시 후송 조치

제2절 응급상황 관리의 실제

1. 보건교사의 역할

1) 교내 응급환자 발생 시 역할분담 및 업무분장 등을 명시한 학교 자체 계획을 수립 · 추진

• 응급환자 관리 대책을 수립하고 교직원과 학생 및 학부모에게 홍보한다.

- 응급환자 발생 시 수립된 대책에 따라 신속하고 자신감 있게 응급처치를 실시한다.

2) 인근 병 · 의원과의 비상 연락망을 마련

- 병 · 의원명, 전화번호, 후송거리, 후송 소요시간, 구급차 보유 여부 등을 상세히 조사하여 유사 시 즉시 활용할 수 있도록 하며, 자체 계획 수립 시 동 내용을 포함

3) 상황을 판단하여 위급한 경우 전문 의료기관으로 즉시 이송될 수 있도록 학교 관리자에게 보고

4) 응급환자 후송 및 진료에 대한 기록을 보건일지에 작성 · 보관

- 환자의 활력증상 및 응급처치 상황을 육하원칙에 의하여 보건일지에 기록
- 안전사고 발생 시 환자 상태, 사고 상황, 응급처치 내용, 후송 상황을 육하원칙에 의거하여 상세히 기록
  - ▶ 인적사항, 사건의 시간과 장소, 사고 상황, 관계자 등의 확인, 신체상해 부위, 응급처치 내용, 어떤 일이 발생했는지에 대한 상세한 기술, 조치내용, 추후 관리사항 등
- 기록은 사후 제기될 수 있는 문제 해결에 귀중한 자료가 되므로 후송 후 즉시 작성하여 보관

5) 보건교사 부재 시 관리

① 근거: 교육기본법 제27조(보건 및 복지의 증진) 및 학교보건법 제3조에 의거 보건교사의 부재 시 및 응급상황이 발생하였을 경우 신속한 응급처치로 적절한 관리가 이루어질 수 있도록 부책임자를 지정하여 운영한다.

② 보건업무대행자를 지정하여 보건 업무, 응급상황 발생 시 응급처치 및 담임 연락 등을 하도록 한다.

- ▶ 간단한 외상 처치는 비상약 상자(1층 교무실)를 활용하여 최초발견자나 담임(교과)교사가 실시

2. 응급환자 후송 절차

① 응급상황을 인지한 경우 반드시 전문가(보건교사 또는 보건업무 담당자)에게 연락

※ 보건교사 부재 시는 119, 지역사회 병 · 의원 등과 연계하여 응급상황 발생 시 즉각적 대처를 할 수 있도록 시스템 구축 · 운영(그림 7-1)

② 응급 환자가 발생하면 보건교사는 응급처치를 실시하고, 후송 여부를 판단

③ 보건교사는 후송이 필요하다고 판단되면 담임교사에게 즉시 통보

④ 담임교사는 우선적으로 학부모에게 연락

⑤ 긴급을 요하거나 상태가 중한 학생은 보건교사, 담임교사가 함께 후송

⑥ 보건교사가 후송하는 경우 보건실 업무는 교장이 지정한 교사(업무대행자)가 담당

보건교사 **담임교사** 환자상태 파악	ㅇ 환자 상태 관찰, 신속한 응급처치 - 의료기관 후송여부 결정 ㅇ 편안한 자세 - 기도유지 및 척추손상 예방에 유의 ㅇ 담임교사는 보호자/119 연락 ㅇ 담임교사는 응급상황을 관리자에게 보고
상태가 중한 환자 호흡곤란, 복합골절 대량출혈, 의식불명	ㅇ 응급처치 후 119연락, 후송차량 확보하여 의료기관으로 후송 ㅇ 담임교사가 후송(응급처치 필요 시 보건교사 동행. 단, 보건교사 부재 시는 담임교사와 부담임교사, 직무대행교사 등 지정된 교직원이 함께 후송
상태가 경한 환자 염좌 단순골절	ㅇ 보호자에게 의료기관 안내 ㅇ 보호자 연락이 안 될 경우, 담임교사가 우선 후송 ㅇ 담임교사 부재 시에는 부담임교사 → 직무대행교사가 후송
후송 시 **행정사항**	ㅇ 진료결과를 학교 관리자에게 보고하고, 보건일지에 기록 - 환자상태, 사고상황, 응급처치내용, 후송상황 등을 상세히 기록 ㅇ 안전공제회 해당 시 공제회 신청 (담임교사/교과담당교사 → 행정실 처리) ㅇ 병원 후송 시 후송교사는 출장처리(행정실 협조)

그림 7-1 응급환자 후송 체계도

출처: 대구광역시동부교육지원청(2015). 학교보건기본방향.

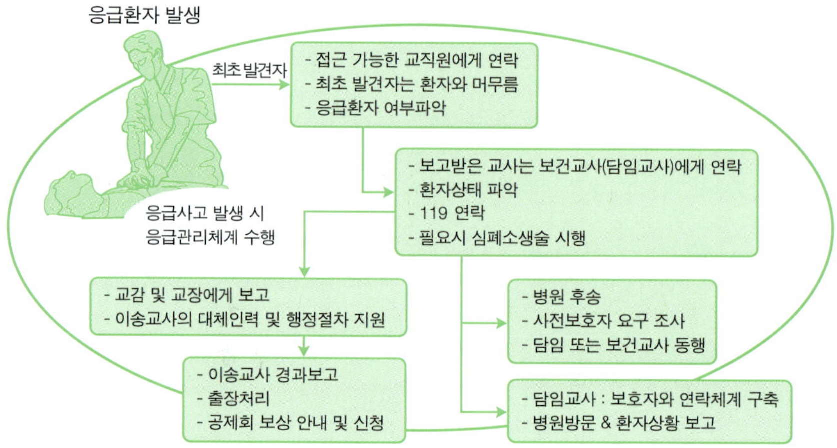

그림 7-2 응급환자 후송 흐름도

출처: 교육과학기술부(2012), 학교에서의 응급의료 관리체계.

⑦ 긴급을 요하지 않는 학생

- 학부모에게 연락이 되는 학생은 학부모에게 인계하여 후송
- 학부모에게 연락이 되지 않는 학생은 담임이 우선적으로 후송
- 담임교사 부재 시 부담임 교사가 후송
- 학생 후송으로 생기는 보결은 학교장이 적절하게 조치

3. 응급환자 후송에 따른 행정사항

① 응급환자 후송 교직원에 대하여는 출장 조치함

② 후송 전 가급적 관리자에게 구두 결재한 후 사후 출장 처리

③ 생명 및 신체적 후유증이 심각하다고 판단되는 환자 발생 시에는 119 구급차량 이용

④ 담임교사는 계속적인 지도를 통하여 나중에 발생할 수 있는 불미스러운 사태를 최소화

⑤ 보건교사가 후송하는 경우 보건실 업무는 학교관리자가 지정한 교사가 담당

⑥ 후송차량이 119가 아닌, 교직원 차량이나 병원 응급차량 등으로 후송에 따른 경비가 지출된 경우에는 학생복지비 등 학교예산에서 지원

⑦ 학교 교직원 차량으로 후송 시 후송 도중 안전사고 발생 예방을 위하여 응급 처치를 실시하는 사람은 차량 운전을 하지 않도록 조치

⑧ 학교안전공제회 지원 여부 검토

- 응급환자 치료비 및 후송비 등은 학교안전공제회 해당여부를 확인
- 안전공제회와의 협의는 공제회 담당자(행정실)가 처리

⑨ 학부모 동의와 사전 확인 사항

- 응급환자 발생 시 이송지연 방지 및 학부모의 빠른 연락체계 마련을 위하여 학년 초「학생건강조사」설문 시 학교응급환자관리체계에 대한 안내문과 함께 응급사고 시 필요한 사항을 미리 안내하고 보호자의 동의서와 연락처, 원하는 이송병원 등을 파악
- 학부모로부터 서명으로 사전 동의를 받은 경우 학부모는 금반언의원칙(일단 행한 표시나 행위를 번복할수 없다는 원칙)에 따라 자신의 동의의사에 구속되므로 서면은 법률적으로 유효
- 그러나 응급사고 발생 시 가까운 병원으로의 긴급이송이 불가피한 경우 사전에 보호자가 지정한 병원으로의 이송이 이루어지지 않은 경우라도「민법」제114조의 대리행위, 제755조의 보호감독의무, 제761조의 긴급피난 등의 법리에 따라 불가피하게 취한 조치로서 비난 또는 책임추궁의 대상이 되기는 어려울 것임

4. 응급환자 후송 세부사항

구 분	보건교사가 후송하여야 되는 경우	그 외 후송하여야 되는 경우
상황	• 기도폐쇄, 호흡곤란 • 맥박이 약하거나 없을 때 • 출혈이 심한 경우, 의식이 없을 때 • 개방 골절일 경우	• 경미한 부상으로 3시간 이상 대기가 가능한 경우 • 염좌, 단순골절이 의심될 때 • 단순고열, 단순외상 • 단순내과질환 (변비통, 감기, 현훈, 구토, 설사, 두통 등)
연락 체계 및 후송 절차	• 위급한 사안은 보건교사, 담임교사가 후송 • 보건교사 → 담임교사 ⟶ 관리자	• 학부모에게 연락이 되는 학생은 학부모에게 인계하여 후송 • 학부모에게 연락이 되지 않는 학생은 담임 교사가 우선적으로 후송 • 담임교사 부재 시 부담임 교사가 후송
	• 담임교사 → 학부모(상황, 후송병원 안내)	
처리	보건교사가 후송하는 경우 보건실 업무는 교장이 지정한 교사가 담당	학생 후송으로 생기는 보결은 교무부장의 협조로 우선 조치
경비	• 모든 응급 후송 참여 교직원은 출장 처리	

출처: 대구광역시동부교육지원청(2015), 학교보건기본방향.

5. 응급환자 발생 시 교직원 행동수칙

학교에서 응급환자 발생 시 다음과 같이 행동한다(그림 7-3).

- 최초 발견 교직원은 침착하게 상황을 관찰한다. 먼저 상황이 안전한지 확인한다.
- 감전, 가스누출, 건물붕괴, 화재, 폭력사고, 안전사고로 인한 척추손상 등은 주의한다.
- 응급환자 발생 시 보건교사에게 즉시 연락을 취한다. 비의료인의 견지에서 볼 때에도 응급상황으로 생각될 경우에는, 보건교사가 오기까지 기다리지 말고 119에 곧바로 연락을 취한다. 어떤 처치를 해야 할지 모를 경우는 1339에 연락하여 도움을 구한다.

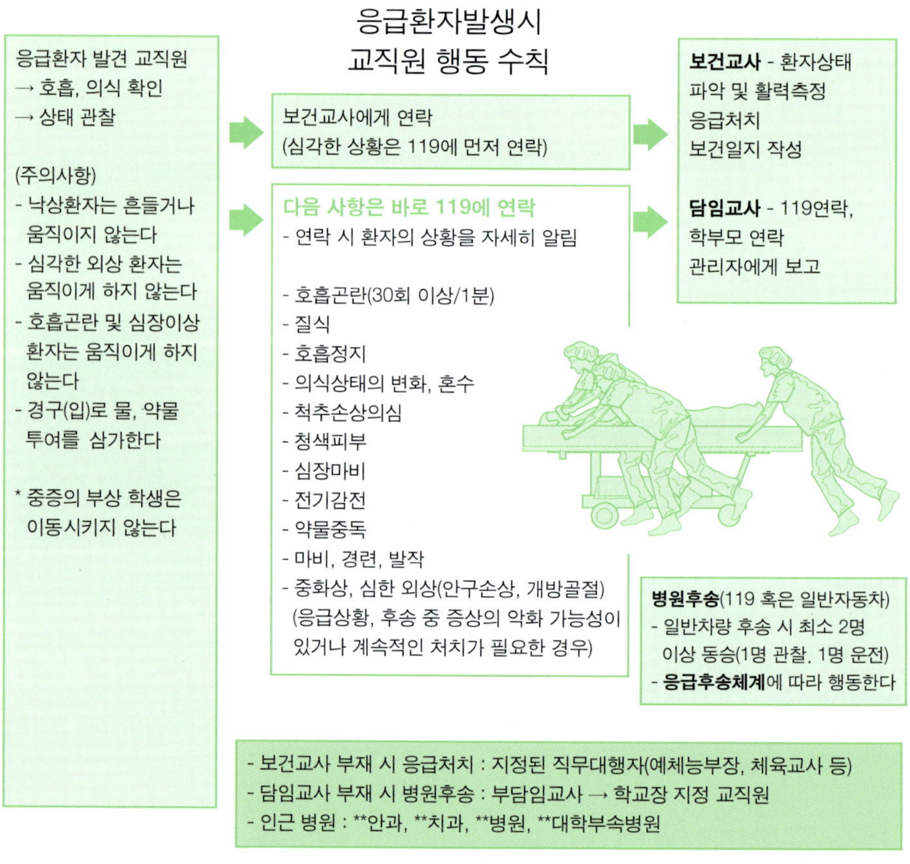

그림 7-3 응급환자 발생 시 교직원 행동수칙

- 보건교사가 응급현장에 도착하기 전까지는 교직원이 반드시 계속해서 응급환자를 관찰하고 필요한 도움을 주어야 한다.
- 응급상황에서 물, 약물 등 경구(입)투여는 금지한다.(금식)
- 불가피한 경우를 제외하고 중증의 부상이나 아픈 학생은 이동시키지 않는다. 2차 손상을 예방하기 위하여 꼭 이동이 필요한 경우는 "목과 등"에 대한 응급처치 방법대로 지지 후 이동한다.
- 보건교사는 가능한 신속하게 환자의 활력증상을 측정하고 환자를 상태를 확인한다.
- 필요한 경우 119를 부르거나 병원으로 후송한다.
- 응급처치(관찰)가 필요한 후송 시에는 운전자와 관찰자 등 최소 2명 이상이 후송한다.
- 담임교사는 가능한 한 빨리 학부모에게 연락하고 학교관리자에게 구두 보고한다.
- 부모에게 연락이 되지 않을 경우, 학부모 권한 대행자에게 연락하고 의료기관에 후송한다.
- 교직원은 학부모에게 인계하기 전까지 의료기관에서 학생의 상태를 관찰한다.
- 보건교사는 응급처치 상황을 보건일지 또는 별도의 응급환자 기록지에 기록하고 학교장에게 보고한다.

6. 학교 내 안전사고 예방을 위한 연수 등 조치사항

- 사고예방과 함께 중요한 것은 사고 발생 후 사고로 인한 건강문제를 최소화하는 것으로 학교장은 학교운영계획서에 연간보건교육계획을 수립 실시
- 특히, 학교 내 응급환자 발생 시 학생과 교직원을 대상으로 보고방법을 숙지하도록 교육하고, 교실 및 학교 내『응급환자 후송 체계도』(그림 12-3),『응급환자 후송 흐름도』(그림 12-4) 등을 교무실과 교실 등에 부착하여 신속한 대응이 이루어지도록 조치
- 「학교보건법」 제12조, 「아동복지법」 제9조, 「학교안전사고 예방 및 보상에 관한 법률」 제8조에 따라 학교장은 학생 및 교직원에게 교통안전교육, 약물 오·남용 예방교육, 재난대비 안전교육, 심폐소생술 등의 안전교육 실시 의무

• 학교의 장은 최소한 초등학교 5학년, 중 · 고등학교 2학년 대상 심폐소생술 실습교육을 실시하고 시 · 도교육감은 원활한 학생 심폐소생술 실습교육을 위하여 소정의 심화과정 이수교사에 대해 전문강사 자격부여 활용
• 보건(업무담당)교사, 학교응급처치 담당전문교사(심폐소생술 연수이수교사)는 연1회 이상 응급처치 전문가교육을 받도록 함
• 모든 교직원을 대상으로 기본안전교육 및 응급환자 발생 시 처치요령에 대해 연1회 이상 연수
• 전체 교직원이 심폐소생술 연수를 받도록 행 · 재정적 지원을 하고 연수이수자는 학교 내응급상황 발생 시 보건교사를 도와 심폐소생술에 참여

제3절 응급환자 및 응급상황

1. 응급환자 발생에 따른 처치 및 이송 판단기준

① 응급사고 발생 시 응급환자 여부의 판단은 신속한 응급처치와 응급이송체계를 가능하게 함

② 응급환자란「응급의료에 관한 법률 시행규칙」2조 제1호에서 언급한 대로 질병, 분만, 각종사고 및 재해로 인한 부상이나 그밖의 위급한 상태로 인하여 즉시 필요한 응급처치를 받지 아니하면 생명을 보존할 수 없거나 심신에 중대한 위해(危害)가 발생할 가능성이 있는 환자 또는 이에 준하는 사람으로서 보건복지부령으로 정하는 사람

③ 보건복지부령이 정하는 응급환자(응급의료에 관한 법률 시행규칙 제2조): 응급증상 및 이에 준하는 증상이 있는 자

- 별표1의 응급증상 및 이에 준하는 증상
- 제1호의 증상으로 진행될 가능성이 있다고 응급의료종사자*가 판단하는 증상 (* 간호사 면허를 가진 보건교사는 의료인 및 응급의료종사자로서의 역할을 수행)

2. 응급증상 VS 응급에 준하는 증상

응급의료에 관한 법률 시행규칙 제2조 1항의 별표	
응급증상	① 신경학적 응급증상: 급성의식장애, 급성신경학적 이상, 구토, 의식장애 등의 증상이 있는 두부손상 ② 심혈관계 응급증상: 심폐소생술이 필요한 증상, 급성호흡곤란, 심장질환으로 인한 급성 흉통, 심계항진, 박동이상 및 쇼크 ③ 중독 및 대사장애: 심한 탈수 약물, 알콜 또는 기타물질의 과다복용이나 중독, 급성 대사장애(간부전, 신부전, 당뇨병 등) ④ 외과적 응급증상 • 개복술을 요하는 급성복증(급성복막염, 급성췌장염 등 중한 경우에 한함) • 광범위한 화상(외부 신체표면적의 18%이상), 관통상 • 개방성 · 다발성 골절 또는 대퇴부 척추의 골절 • 사지를 절단할 우려가 있는 혈관손상 • 전신마취 하에 응급수술을 요하는 중상, 다발성외상 ⑤ 출혈: 계속되는 각혈, 지혈이 안되는 출혈, 급성위장관 출혈 ⑥ 안과적 응급증상: 화학물질에 의한 눈의 손상, 급성 시력손실 ⑦ 알러지: 얼굴 부종을 동반한 알러지 반응 ⑧ 소아과적 응급증상: 소아경련성 장애 ⑨ 정신과적 응급증상: 자신 또는 다른사람을 해할 우려가 있는 정신장애
응급에 준하는 증상	① 신경학적 응급증상: 의식장애, 심한 두통과 어지럼증 ② 심혈관계 응급증상: 호흡곤란, 과호흡 ③ 외과적 응급증상: 화상, 급성복통을 포함한 배의 전반적인 이상증상, 골절 · 외상 또는 탈골, 기타 응급수술을 요하는 증상, 배뇨장애 ④ 출혈: 혈관손상 ⑤ 소아과적 응급증상: 소아경련, 38℃이상인 소아고열(공휴일 · 야간 등 의료서비스가 제공되기 어려운 때에 3세 이하의 소아에게 나타나는 증상) ⑥ 산부인과적 응급증상: 분만 또는 성폭력으로 인하여 산부인과적 검사 또는 처치가 필요한 증상 ⑦ 이물에 의한 응급증상: 귀, 눈, 코, 항문 등에 이물이 들어가 제거술이 필요한 환자

3. 신속한 처치와 이송이 필요한 응급상황

평소에 상황별 응급처치 방법을 숙지하고 사안 발생 시 응급의료체계에 따라 신속하게 조치한다.

- 의식의 변화가 있고 의식소실이 있을 경우: 불러도 눈을 뜨지 못하고 의식이 없거나, 묻는 말에 횡설수설하는 등 의식변화가 있거나, 두부에 손상이 있거나 구토 등을 보이는 경우, 경련을 일으키는 경우
- 호흡이 없거나 호흡곤란을 느끼는 경우: 숨을 가쁘게 몰아쉬거나 입술이 파랗게 변하거나 얼굴이 창백해졌거나 현기증을 일으키며 비틀거리거나 쓰러지는 경우
- 외과적 부상으로 출혈이 심하고 외상부위가 오염되어 감염이 의심되는 경우

- 갑작스럽게 가슴통증을 호소하는 경우
- 화학물질에 의한 눈의 손상 또는 안구부상인 경우
- 척추 등의 부상으로 신체부위에 감각이상을 보이는 경우
- 중등도 이상의 화상을 입었을 경우
- 자신 또는 다른 사람에게 상해를 가할 수 있는 정신이상인 경우

4. 응급상황 발생 시 대처요령

CHECK(상황판단), CALL(도움요청), CARE(응급처치)의 단계로 응급상황을 처리한다.

CHECK !	1. 응급상황 여부 확인하기 • 일차적인 환자의 응급상태 파악 • 환자수, 주변위험물 파악, 처치할 수 있는 자원 파악 • 최초발견자는 즉시 보건교사에게 연락을 취하고 보건교사가 배치되어 있지 않은 학교에서는 보건업무담당교사나 교직원에게 연락(응급인 경우 보고와 119 도움 요청이 동시에 취해져야 함) 2. 환자상태 파악하기 • 보건교사가 배치되어있는 경우는 보건교사에게 즉시 연락을 취하거나 학교응급사고 신고지침에 명시되어 있는 보건업무담당교사에게 연락 • 보건교사는 활력징후를 측정하고 응급처치 및 이송 준비 • 보건교사가 없는 학교에는 「초중등교육법」 제20조의 규정에 따라 교무를 통할하고 소속 교직원을 지도 · 감독하는 학교장의 사무분장 권한에 의거 보건업무 담당교사를 지정, 업무담당자는 환자상태를 판단하기 어려운 경우 119나 1339에 도움 요청
CALL !	3. 응급구조 요청하기 • 환자의 상태가 위급하다고 판단되는 경우는 도움 요청 4. 응급환자 관리체계 가동하기 • 응급환자 발견, 보고체계, 환자관리, 담당자 역할관리 및 보호자 연락 등 '응급환자 관리체계' 지침에 준수하여 응급처치와 관리를 수행 • 학교안전사고 피해자를 교원이 긴급이송하다 사고가 발생할 경우는 공무상 재해에 해당 「공무원연금법」 제34조, 「사립학교교직원연금법」 제42조의 규정에 따라 보상 조치
CARE !	5. 안전한 장소로 환자 옮기기 • 가능한 경우 환자를 안전한 장소로 옮기되, 무리한 움직임을 피하고 전문가의 응급처치요령에 따름(척추손상 등 중증의 부상자는 2차손상을 예방하기 위해 무리한 이동은 삼가) 6. 응급처치 시행하기 • 구급차가 현장에 도착하기까지 응급처치가 필요한 경우는 1339 '응급의료정보센터'에 연락하여 도움을 요청하고 전화상담원의 지시에 따름(이는 추후문제 발생 시 응급처치에 따른 수행에 대한 '응급의료정보센터'에의 증빙자료를 요구하여 법적보호를 받을 수 있음) • 119구조대가 오기 전에 생명에 위험이 초래될 것으로 판단되는 경우 보건교사 및 심폐소생술가능자가 응급처치 실시 7. 병원으로 환자 이송하기 • 학교에서 가까운 응급의료센터 및 증상에 따라 학교협약병원으로 또는 사전에 파악된 보호자가 원하는 병원으로 환자를 안전하게 이송 • 학교자체 처치: 간단한 상해는 보건실 방문 • 귀가조치 : 장시간 안정을 요하는 경우 부모에게 연락 후 귀가 조치 8. 기록 및 추후결과 확인하기 • 전문가 인계 및 병원이송까지의 과정을 육하원칙에 따라 '응급환자기록지'에 기록 · 보관 ※ 응급환자 기록지는 최소한 당해 연도 보관 필요

Chapter

08

학교감염병 관리

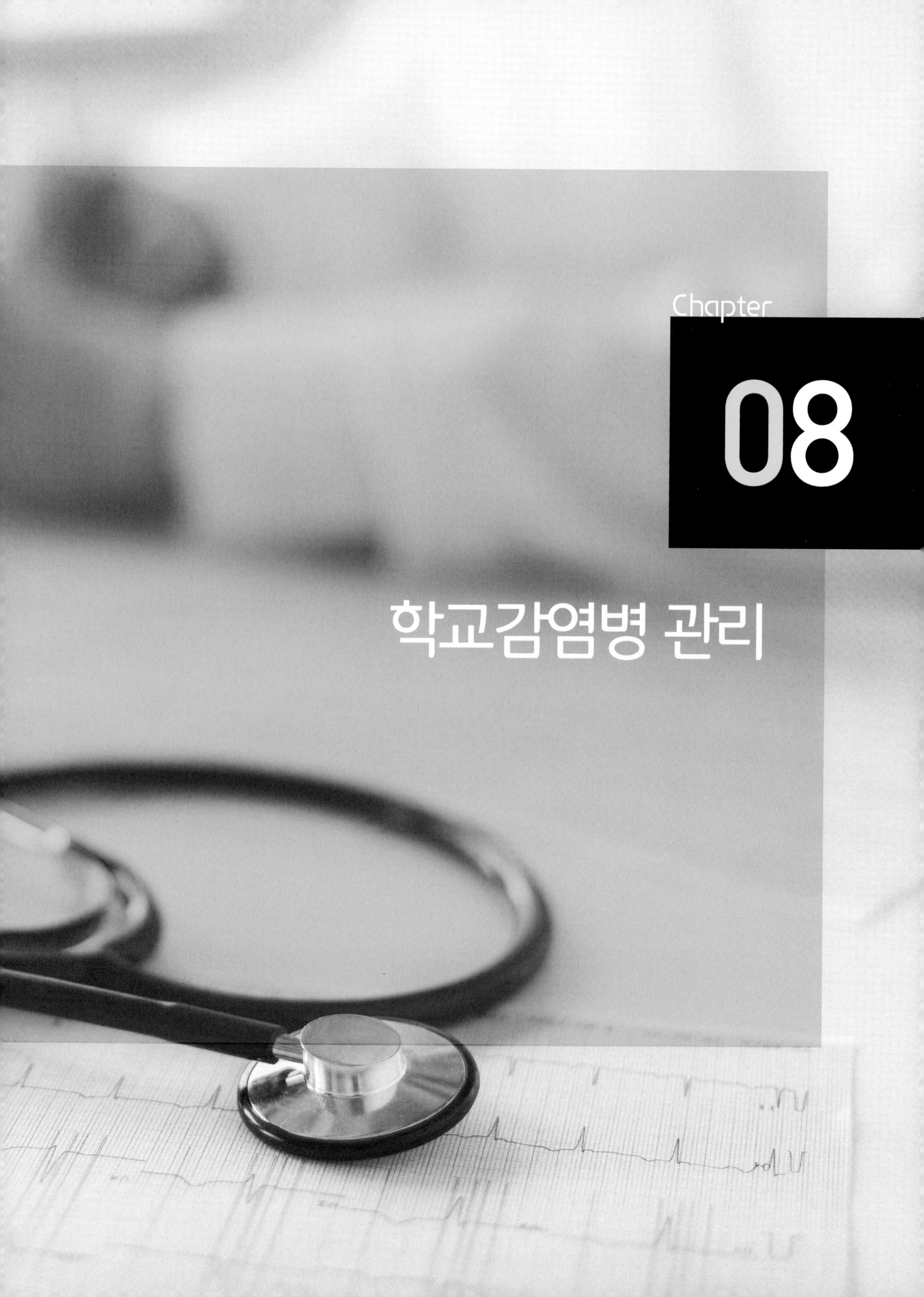

학교는 면역력이 약한 다수의 소아 및 청소년의 접촉이 잦은 장소로 감염병 발생 시 학생에게 빠른 속도로 전파될 확률이 높다. 감염병에 걸리면 학업을 중지하거나 심한 경우 입원 또는 사망에 이르는 등 학생 및 교직원 개인의 피해가 초래된다. 학교 내 감염병이 유행하면 정상적인 수업에 지장을 초래하거나 휴업 내지 휴교를 해야 하는 등 학교운영에 영향을 끼칠 뿐 아니라 가족구성원을 통해 지역사회로 확산될 수 있다. 이상과 같이 학교는 감염병에 매우 취약한 장소이므로 학교에서의 감염병 관리는 매우 중요하다.

우리나라 학령기 감염병 발생 현황을 살펴보면, 급성감염병 발생률은 1960년대 이후 지속적으로 감소하였으나, 1998년 이후 홍역과 유행성이하선염의 주기적인 유행, 말라리아의 재출현, 각종 수인성 감염병 발생으로 인해 증가하기 시작하여 2000년부터 2001년에 걸친 홍역 대유행으로 급격히 증가하였다. 이후 홍역 퇴치 사업, 말라리아 퇴치 사업 등 적극적인 감염병 관리 정책으로 감염병 발생률은 감소하였다.

그러나 2003년 이후 쯔쯔가무시증과 유행성이하선염의 증가 추세 지속, 2005년 7월 새롭게 법정감염병으로 지정된 수두의 유행으로 급성감염병 발생이 다시 증가하였으며 특히 2009년에는 신종인플루엔자 A(H1N1)의 전 세계적인 대유행으로 감염병 발생이 급격히 증가하였다. 따라서 학교에서는 감염병 예방을 위한 보건교육 및 면역증강, 환경 개선 등 사전예방을 통하여 학생 및 교직원의 건강을 유지 · 증진할 뿐 아니라 학교에 감염병 환자 발생 시 교육청 보고, 방역당국(보건소) 신고, 역학조사, 등교중지 또는 휴업 실시, 방역소독, 보건교육 등을 통해 체계적으로 관리해야 한다.

제1절 감염병의 개요

1. 감염병 관리의 목적

'감염병의 위협으로부터 학교의 안전을 확보'하는 것이며, 세부 목표는 다음과 같다.

- 학생이 감염병에 이환되는 것을 미리 예방하고 감시

- 학생의 감염병을 조기에 발견하고 신속하게 조치함으로써, 감염병이 확산되는 것을 방지
- 교내 감염병 유행 시 조기에 전파를 차단하고, 통제함으로써 학교 기능을 유지
- 교내 감염병 유행으로 지역사회는 물론 국가 전체로 확산되는 것을 예방.

2. 아동 · 청소년기 호발 법정감염병 및 특성(표 8-1)

표 8-1 아동 · 청소년기 호발 법정감염병 및 특성

질 병	전파 경로	잠복기	전염가능 기간 / 등교중지 기간	호발시기 연령	임상 증상
수 두	비말 에어로졸	10~21일 (14–16일)	수포가 생기기 1~2일 전부터 모든 수포에 가피가 형성될 때 까지	5~6월 11~1월 4~8세	발열, 피로감, 피부발진, 수포
			모든 수포에 가피가 형성될 때 까지		
유행성 이하선염	비말	7~23일 (14–18일)	침샘부종 1~2일 전부터 모두 가라앉았을 때까지 또는 증상발현 후 9일까지	5~7월 15~17세	발열, 두통, 근육통, 이하선 부종
			증상발현 후 9일까지		
홍 역	비말 에어로졸	7~18일	발진이 나타난 후 5일까지	봄철 5~10세	발열, 기침, 콧물 koplik 반점, 발진
			발진이 나타난 후 5일까지		
풍 진	비말 태반	12~23일 (16–18일)	발진 생기기 7일 전부터 생긴 후 5일까지	초봄, 늦겨울	구진성 발진, 림프절 종창, 미열 등
			발진이 나타난 후 5일까지		
인플루엔자	비말	1~5일 (2일)	증상 발생 1~2일 전부터 7일 혹은 증상이 소실될 때 까지	봄, 겨울 전 연령	발열, 두통, 근육통, 인후통, 기침, 객담
			등교중지는 의미 없음		
뇌수막염	비말	2~10일 (3–4일)	바이러스 : 5~7일 세균 : 적절한 항생제 치료 후 24~48시간 까지	바이러스 4~14세 세균: 연중	발열, 두통, 구토, 의식저하
			뇌수막염 학생은 입원치료		
수족구병	비말 수포액	3~7일	발병 후 7일, 피부 병변에 액체가 남아있는 동안	여름 영유아	발열, 손, 발바닥 및 구강 내 수포 및 궤양
			수포 발생 후 6일간(가피 형성될 때 까지)		
조 류 인플루엔자 인체 감염증	감염된 가금류와 접촉	3~10일 (7일)	증상 발생 1~2일 전부터 7일 혹은 증상이 소실될 때 까지	가을철 전 연령	인플루엔자와 동일 역학적 연관성 있음
			모두 회복될 때 까지		

표 8-1 아동 · 청소년기 호발 법정감염병 및 특성 (계속)

질 병	전파 경로	잠복기	전염가능 기간 / 등교중지 기간	호발시기 연령	임상 증상
중증급성 호흡기 증후군	비말	2~10일 (4~6일)	증상이 있는 동안 / 모두 회복될 때 까지	연중 전 연령	급성호흡기 증상 역학적 연관성 있음
결 핵	비말 에어로졸	수 주~ 수개월	약물치료 시작 후 2주까지 / 약물치료 시작 후 2주까지	연중 전 연령	발열, 전신 피로감 식은땀, 체중 감소

출처: 교육과학기술부(2012), 학교 감염병 예방관리 매뉴얼.학교 감염병 예방관리 매뉴얼

표 8-2 국가필수예방접종 및 기타 예방접종 현황

구 분	종 류
『국가필수 예방접종』 대상 감염병(14종)	결핵, B형간염, 디프테리아/파상풍/백일해(DTaP, Td), 폴리오, 홍역/유행성이하선염/풍진(MMR), 수두, 일본뇌염, 인플루엔자, 장티푸스, 신증후군출혈열
기타 예방접종(5종)	b형 헤모필루스인플루엔자(Hib), 폐렴구균, 로타바이러스, A형간염, 인유두종바이러스

• 인플루엔자, 장티푸스, 신증후군출혈열: 고위험군에 한하여 접종
출처: 교육과학기술부(2012), 학교 감염병 예방관리 매뉴얼.

제2절 감염병 예방 관리

1. 예방접종 관리

- 국가 필수 예방접종 독려(표 8-2)
- 취학 후 예방접종 내용을 NEIS-보건-건강기록부에 입력
- 유행시기별 예방접종(교내 단체 접종 금지)

2. 면역증강을 위한 노력

- 스포츠 활동 생활화
- 균형잡힌 식생활습관 지도
- 규칙적인 수면습관

- 야외활동 권장 등

3. 학교환경 관리

1) 취약 환경 및 병원소 관리를 통한 감염원 제거

2) 소독 및 방역 철저: 주기적 방역 실시

- 하절기: 1회 이상/2개월
- 동절기: 1회 이상/3개월
- 감염병 발생 즉시 방역 실시

3) 교실 환경 청결 유지 및 환기 철저

4) 온수 시설 및 양치시설 확충

4. 건강검진

- 초 1, 4학년, 중 · 고 1학년: 건강검진 실시
- 중 · 고 2, 3학년: 결핵 검진 실시(대한결핵협회 주관)
- 검진 결과 유소견 발견 시 적절한 진료를 하도록 지도

5. 보건교육

- 학생들이 건강한 생활습관을 갖도록 평상시 감염병 예방을 위한 보건교육을 시행한다.
- 관련교과수업, 유인물(가정통신문, 보건소식지, 게시자료 등), 학교 홈페이지 등 다양한 방법을 활용하여 적절히 교육한다.
- 학교 홈페이지에 감염병 예방 관련 배너를 링크하고 자료실에 교육자료를 탑재한다.
- 현장체험학습, 야영(수련활동) 등 야외활동, 체육대회 등 학교 행사시기와 계절에 맞게 시행한다.

1) 감염병 예방을 위한 국민행동요령

① 평소에도 손을 자주, 비누를 사용하여 흐르는 깨끗한 물에 씻어야 합니다.

- 손을 씻어야 하는 때: 외출 후, 많은 사람이 모이는 장소를 다녀온 후, 조리하거나 식사하기 전, 화장실 사용 후, 기침이나 재채기 후 등

② 식수는 반드시 끓였거나 병에 든 물(생수)을 드셔야 합니다.

- 이외 요리 시, 설거지 시, 손을 씻거나 양치시 등에도 안전한 물, 소독된 물 사용 권고

③ 채소류 등 식재료는 흐르는 깨끗한 물에 씻고, 충분히 가열하여 드셔야 합니다.

- 특히, 여름철조리음식보관금지, 오염된 물에 닿았던 음식 섭취 금지, 이상한 냄새가 나거나 색깔, 모양 등이 변한 음식물 섭취 금지

④ 도마, 칼 등은 식품별 구분하여 따로 사용하고, 사용 후 깨끗이 씻고, 잘 말려서 사용해야 합니다.

- 설사 증상이나 손에 상처가 있는 사람은 조리금지
- 특히, 설사증상이 있는 경우 의료기관 방문 진료 권고

⑤ 기침, 재채기를 할 경우 휴지나 손수건, 옷소매 이용하여 입 가리기 등 기침에티켓을 지키고 기침이 계속된다면 마스크 착용을 권장합니다.

⑥ 손으로 가급적 눈, 코, 입을 만지는 것을 피하고, 집안이나 실내 등은 청결히 하고 환기를 자주 시킵니다.

⑦ 발열이나 호흡기증상(기침, 목 아픔, 콧물이나 코막힘)이 있을 때에는 사람과 밀접한 접촉을 피하고 가급적 많은 사람이 모이는 장소로의 외출은 자제하시는 것이 좋습니다.

2) 손씻기

(1) 손을 씻어야 하는 경우

- 식사를 하거나 식사를 먹여주기 전
- 식탁 차리기 전
- 음식물을 조리하기 전
- 기침, 재채기, 콧물 닦기 등 호흡기 분비물에 노출된 후
- 화장실에서 용변을 본 후
- 렌즈를 끼기 전
- 눈에 보이게 손이 더러워졌을 때

- 환자와 접촉 후, 환자의 옷을 만진 후
- 동물 혹은 동물의 분비물과 접촉한 후, 애완동물 집을 청소한 후

(2) 효과적인 손 씻기 방법

[1] 물과 비누를 이용한 손 씻기

- 비누를 사용하기 전에 흐르는 물에 손을 충분히 적신다.
- 충분한 시간(30초 이상) 동안 비누와 함께 손을 비빈다(손을 씻는 동안 부를 수 있는 노래를 가르치는 것이 도움이 된다)
- 손을 씻을 때는 손목, 손바닥, 손등, 손가락, 손가락 사이 및 손톱 밑을 철저히 씻는다.
- 손을 씻은 후에는 일회용 타월로 닦고 완전히 말린다.

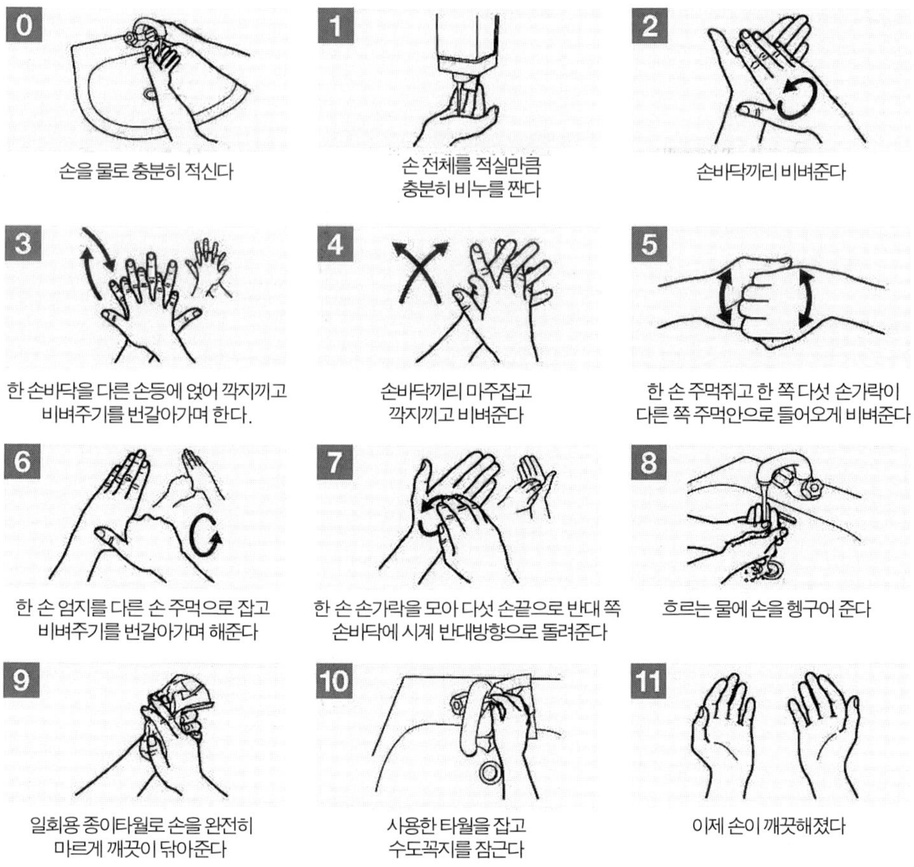

그림 8-1 손 씻기 방법

출처: 교육과학기술부(2012), 학교 감염병 예방관리 매뉴얼.

2 손소독제를 이용한 손 씻기

- 물과 비누의 사용이 어렵고 눈에 보일 정도의 오염물이 묻어 있지 않으면 알코올 성분이 포함된 손소독제를 사용할 수 있다.
- 소독제의 알코올 농도가 60~90%일 때 최적의 살균력을 보인다.
- 한 손바닥에 적정량(보통 1~3cc)의 손소독제를 던다.
- 손과 손가락표면 전체에 골고루 바르고 소독제가 마를 때까지 문지른다.

(3) 학생 손 씻기 운동 및 지도 강화

- 하루에 8번 이상 30초씩 손 씻기(1830) 운동 전개
- 학교 신 · 개축 및 보수 시 손 씻는 시설을 확충(복도, 식당입구, 화장실 등)하고, 특히 동절기에 온수공급으로 충분한 손 씻기가 이루어질 수 있도록 관련 시설의 적극적 설치

그림 8-2 기침예절 포스터

출처: 교육과학기술부(2012), 학교 감염병 예방관리 매뉴얼.

3) 기침예절

- 호흡기 감염 증상이 있는 사람은 기침이나 재채기를 할 때는 코와 입을 휴지로 가리고, 없을 경우에는 소매로 가린다. 사용한 휴지는 즉시 휴지통에 버리고 흐르는 물에 비누나 소독제를 사용하여 손을 씻거나 물 없이 사용하는 알코올 제제를 사용하여 손을 닦는다.
- 호흡기 감염 증상이 있는 사람은 가급적 마스크를 착용하도록 한다.
- 호흡기 증상으로 마스크를 착용할 때 일회용 마스크는 젖으면 필터링 능력이 떨어지므로 바로 교환하고 재활용하지 않도록 한다.

제3절 감염병 관리의 실제

1. 감염병 예방활동

1) 보건교육/가정통신문 발송/유인물 홈페이지 탑재/방송교육 실시

- 주기적인 손 씻기 등 개인위생 교육 실시
- 가정통신문, 홈페이지 및 SMS 문자를 통한 홍보 및 안내
- 방송 조회, 훈화 등을 통한 예방 홍보
- 쉬는 시간마다 손 씻기 등 적극적인 예방활동 실시

2) 감염병 유행 시 『일일 감시 체계』 운영을 통한 확산 방지

- 매일 1교시 수업 전 담임교사는 학생들의 건강상태 및 결석생 수 확인과 호흡기, 소화기 및 기타 감염 증상이 있을 경우 즉시 보건실에 연락함
- 보건교사는 보건실 방문자 중 감염병 의심 증상이 있을 경우 즉시 등교 중지하고 관할 보건소 및 병의원에 진료 연계함

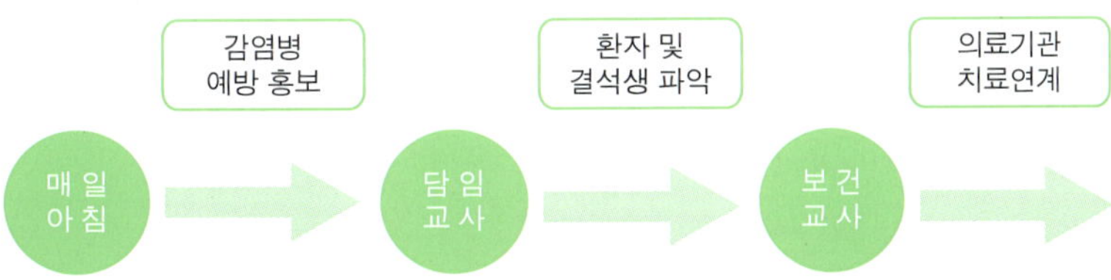

출처: 교육과학기술부(2012), 학교 감염병 예방관리 매뉴얼.

3) 학교 환경의 위생적 관리

- 학생 및 교직원의 손 씻기 실천이 용이하도록 손세척제(비누 등) 또는 소독제 등을 충분히 비치
- 시설물 및 취약지역 소독 방역
- 규칙적인 실내 환기 및 청결 유지

4) 교직원, 학교 종사자 중 감염자 관리

- 교직원, 학교 종사자 중 법정감염병 환자(의사환자 포함) 발생 시 주변 사람들과 접촉하지 않도록 하며, 교육청에 보고 및 보건소에 신고

2. 법정감염병 감염자 관리

1) 등교중지와 가정 격리 치료 및 완치 여부 확인

- 학교장은 감염자에 대하여 즉시 등교중지 조치하고 완치되면 등교하도록 함.
- 등교중지로 인한 학생 수업결손이 없도록 학교로부터 제공 받은 출석수업 대체자료를 활용하여 가정에서 개별학습

2) 감염자의 치료 상황 파악과 관리 상태 기록

- 감염자에 대한 치료 상황을 파악하여 기록 관리
- 가정에서의 격리 치료에 따른 협조 사항 안내
- 등교중지 중인 학생이 학원 등 다중이용시설에서의 전염 사례 차단

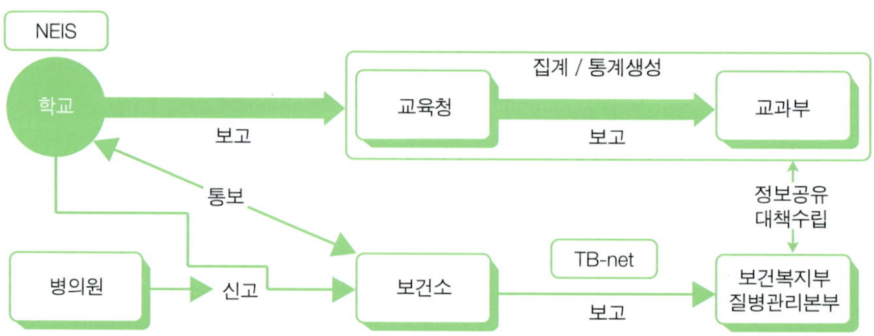

그림 8-3 감염병 보고 및 관리체계

출처: 대구광역시교육청(2015), 2015년 감염병 예방 및 관리 계획.

3) 학교에서 법정감염병 확진환자 발생 시 일일 발생 상황 보고

- 대단위 발생으로 확산 우려가 있을 경우 유선으로 먼저 교육청 보고 후 나이스로 전송

3. 법정감염병 유행에 따른 학사운영 관리

1) 등교중지에 따른 출결상황 관리

- 법정감염병으로 등교중지 시 관련법령에 따라 출석으로 처리한다.

(1) 관련 법령

- 학교보건법 제8조, 동법 시행령 제22조
- 초 · 중등교육법 제64조, 동법 시행령 제 47조
- 「학교생활기록 작성 및 관리 지침」 제8조 제2항 별지 제8호

(2) 대상

- 감염병의 예방 및 관리에 관한 법률 제2조에 규정된 감염병 환자(다만 제3군 및 지정감염병환자로서 의사의 진단에 의해 타인에게 전염될 우려가 없다고 인정되는 자는 제외한다)
- 의사의 진단에 의하여 전염성이 강한 질환에 감염되었다고 인정되는 자

(3) 등교중지에 대한 사무처리

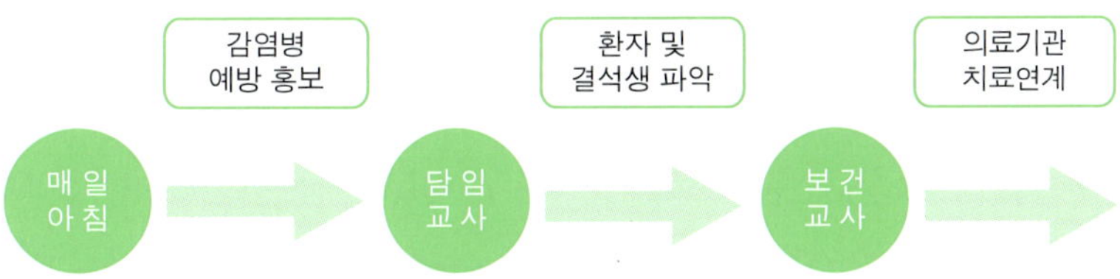

출처: 교육과학기술부(2012), 학교 감염병 예방관리 매뉴얼.

- 확인서류: 진료 확인서, 의사소견서, 의사진단서 중 1부
- 내부결재: 등교중지 및 출석인정 기안문
- 출결처리: 나이스 [학적]: [출결관리]: [출결관리]에서 출석인정(△)으로 체크한다.

2) 감염병 대유행에 따른 학교 단체 활동 자제

- 수련활동 및 단체 활동을 통해 감염병 전파의 가능성이 있을 경우 단체 활동을 연기하거나 자제함
- 부득이 행사를 개최하는 경우 반드시 대규모 행사가 열리는 장소의 관할 보건소장에게 행사 전에 통지함

3) 감염자 다수 발생에 따른 단축수업 또는 임시휴업 조치

- 감염병 확산으로 인해 정상수업이 불가능하다고 판단될 때에는 단축수업 또는 임시휴업 등의 확산방지 조치를 강구한다.
  - ▶ 초 · 중등교육법제64조, 동법시행령 제47조(휴업) 참고
- 단, 임시휴업 조치 결정시에는 학교 자체 휴업기준에 의해 종합적으로 검토 · 결정하고 지체없이 교육청에 이를 보고한다.
- 휴업으로 인해 수업결손을 최소화하기 위해 유인물, 웹사이트 등을 이용한 원격교육(동영상, CD 등 교육자료 활용)을 실시하여 가정학습과 연계하도록 한다.
- 휴업기간 동안 학원수강 금지 등 외출을 자제하도록 생활지도를 철저히 한다.

4. 감염병 관리를 위한 업무분장

1) 학교감염병 대책위원회 구성

2) 감염병 대유행 등 유사시에 철저히 대비

(1) 단축수업 또는 임시휴업으로 인한 수업차질 발생관련 대비 철저

- 유인물, 웹사이트 등을 이용한 원격교육(동영상, CD 등 교육자료 활용)실시 등 휴업(휴교)을 대비한 교육방안 마련

(2) 비상연락체계 구축 및 각종 방역활동 협조체계 강화

- 학교 및 지역사회 대유행 등 유사시를 대비하여 사전에 관할보건소(당직실, 담당부서)와 전체학생 · 교직원 전화번호 등 비상연락체계 확보
- 관할보건소 등 방역기관에서 실시하는 방역활동 및 확산예방사업에 적극적인 참여 및 정보 공유

(3) 등교중지 · 단축수업 · 휴업 등에 따른 학생 생활지도 대책 강구

- 등교중지 · 단축수업 · 휴업시 학생들의 불건전업소 출입, 일탈행동 등이 발생하지 않도록 가정과 연계한 생활지도 대책 마련

5. 학교감염병 대응체계

① 학교에서는 평상시 감염병환자 또는 의심환자가 발생한 경우 다음과 같은 조치를 우선시행하여 감염병이 확산되지 않도록 적극적으로 대응해야 한다.

- 건강사정 처치 의료기관 진료의뢰
- 학교 내 유행가능성 여부를 지속적으로 관찰
- 학교 내 감염병 유행 차단 및 확산방지

② 2009년 신종인플루엔자 대유행 사례와 같이 국가위기상황이 발생할 경우 학교 감염병 대응은 국가 감염병 대응정책에 따라 학생 및 교직원 그리고

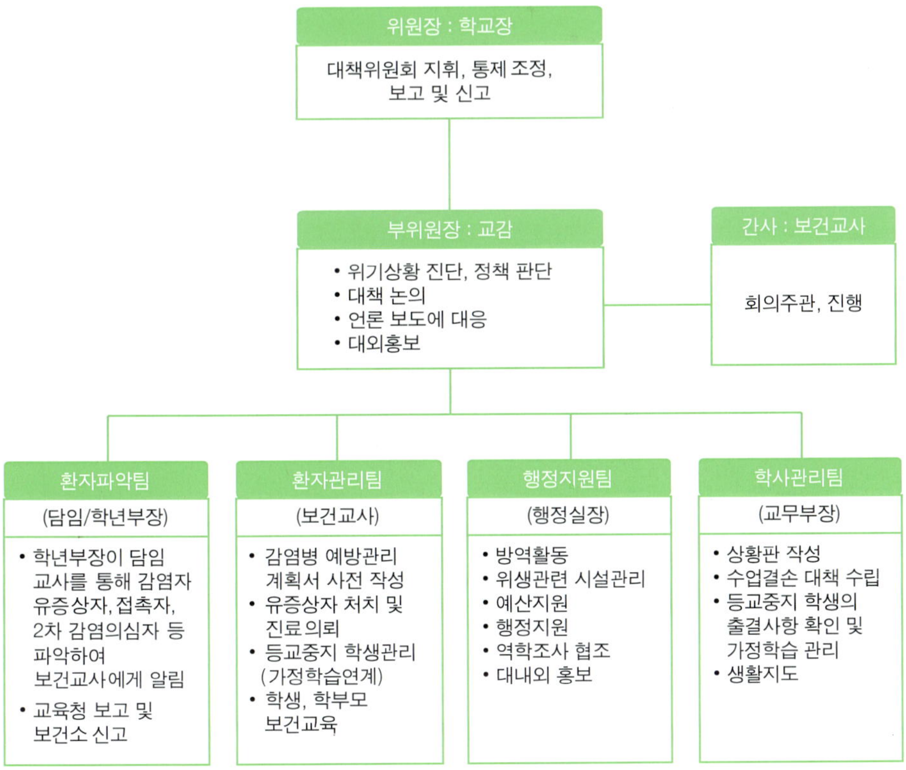

그림 8-4 학교감염병 대책위원회 조직도

출처: 교육과학기술부(2012), 학교 감염병 예방관리 매뉴얼.

표 8-3 학교 감염병 대응체계

구분	상황	관리체계	주요 조치내용
평상시 대응체계	• 감염병의 산발적 발생 • 감염병의 유행 – 동일학급내 의심 또는 확진 환자 2명 이상 발생 – 급성호흡기감염병의 경우 전체 인원의 5% 이상 발생	학교내 감염병 유행시 학교 감염병 대책위원회 구성 및 운영(그림 8-4)	• 감염병환자(유증상자 포함) 관리 • 감염자 조기격리 및 유증상자 관리 • 접촉자 관리 및 추가 발병자 파악 • 교육청 보고 및 보건소 신고 • 수학여행, 교내행사 및 단체활동 자제 • 시설물 및 취약지역 소독, 방역 실시 • 감염병 예방 및 발생시 대처요령 교육
국가 위기상황 발생시 대응체계	• 해외 신종 감염병의 국내 유입 및 전국적 확산 • 국내 신종 감염병의 전국적 확산 • 국내 수인성, 재출혈 감염병의 전국적 확산	국가 위기상황 발령시 학교 감염병 대책위원회 구성 및 운영	• 위기경보 수준에 따른 역할 수행(표 10) • 방역기관과 유기적인 협조체계 유지 • 지역내 의료기관에 의료자문 • 확산양상에 따른 휴업 고려

출처: 교육과학기술부(2012), 학교 감염병 예방관리 매뉴얼

그 가족들의 건강을 지키기 위한 대책이 수립 · 시행되어야 한다.

③ 따라서 학교감염병 대응체계는 크게 평상시와 국가위기상황 발생 시로 구분하여 실시할 필요가 있다(표 8-3).

제4절 결핵 관리

1) 결핵 관리체계

① TST(Tuberculin Skin Test, 결핵 피부 반응검사): 결핵의 감염 여부를 판단하는 검사로, 피부 바로 밑(주로 왼팔의 팔뚝 부분)에 작은 주사를 한 후 48~72시간 후에 부풀어 오르는 반응이 생겼는지 확인한다. 결핵균에 감염되었거나 BCG 백신 접종자에게서 양성 반응이 나타날 수 있으며, 부풀어 오른 자리는 시간이 지나면 가라앉는다.

② IGRA(Interferon–gamma release assay, 인터페론 감마 분비 검사): 결핵균에 감작된 T–세포만을 자극하는 특이항원을 사용하고 백혈구에서 유리되는

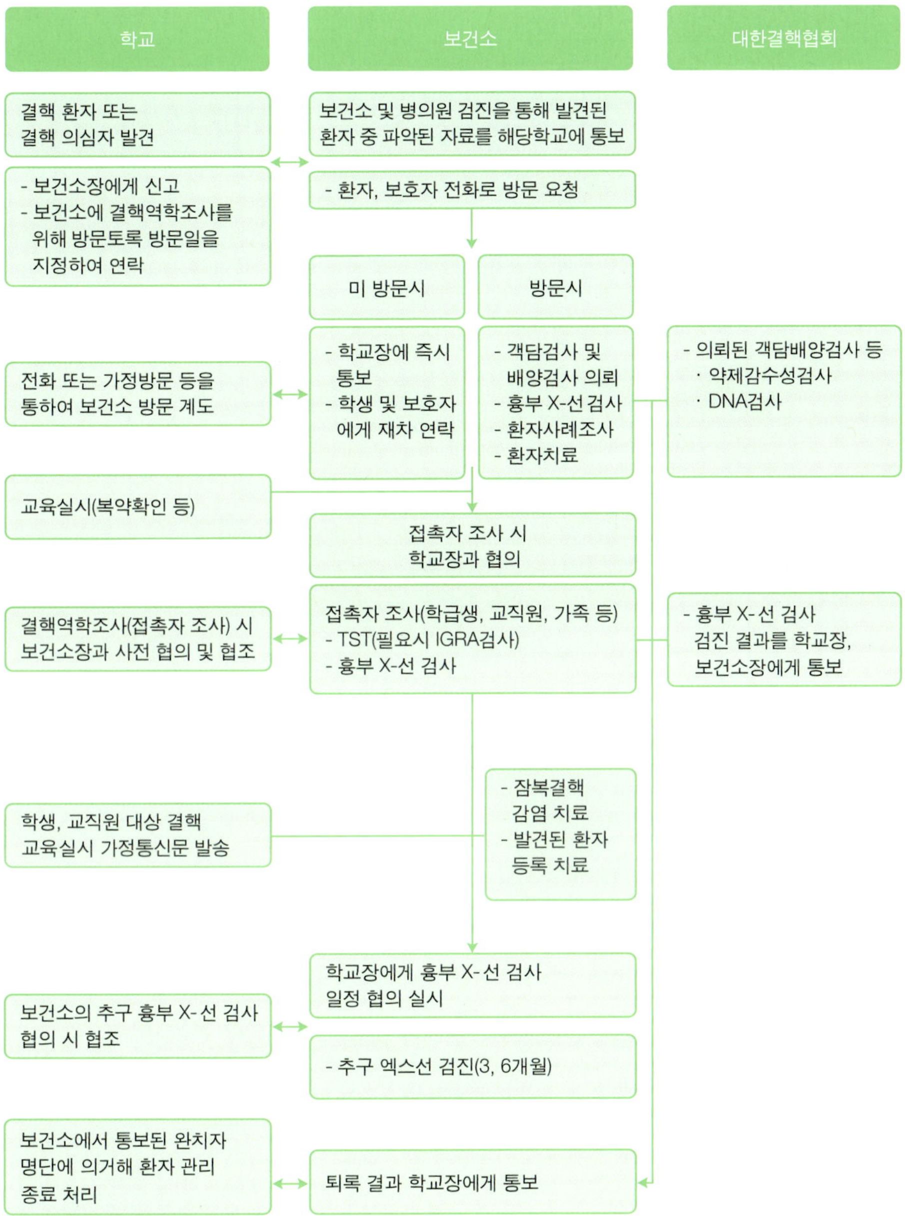

그림 8-5 결핵관리체계

출처: 교육과학기술부(2012). 학교 감염병 예방관리 매뉴얼.

인터페론 감마 농도를 측정하여 결핵 감염 여부를 판단한다. 결핵균 특이항원을 사용하기 때문에 반응 특이도가 높다.

2) 결핵환자 발생 시 관리체계

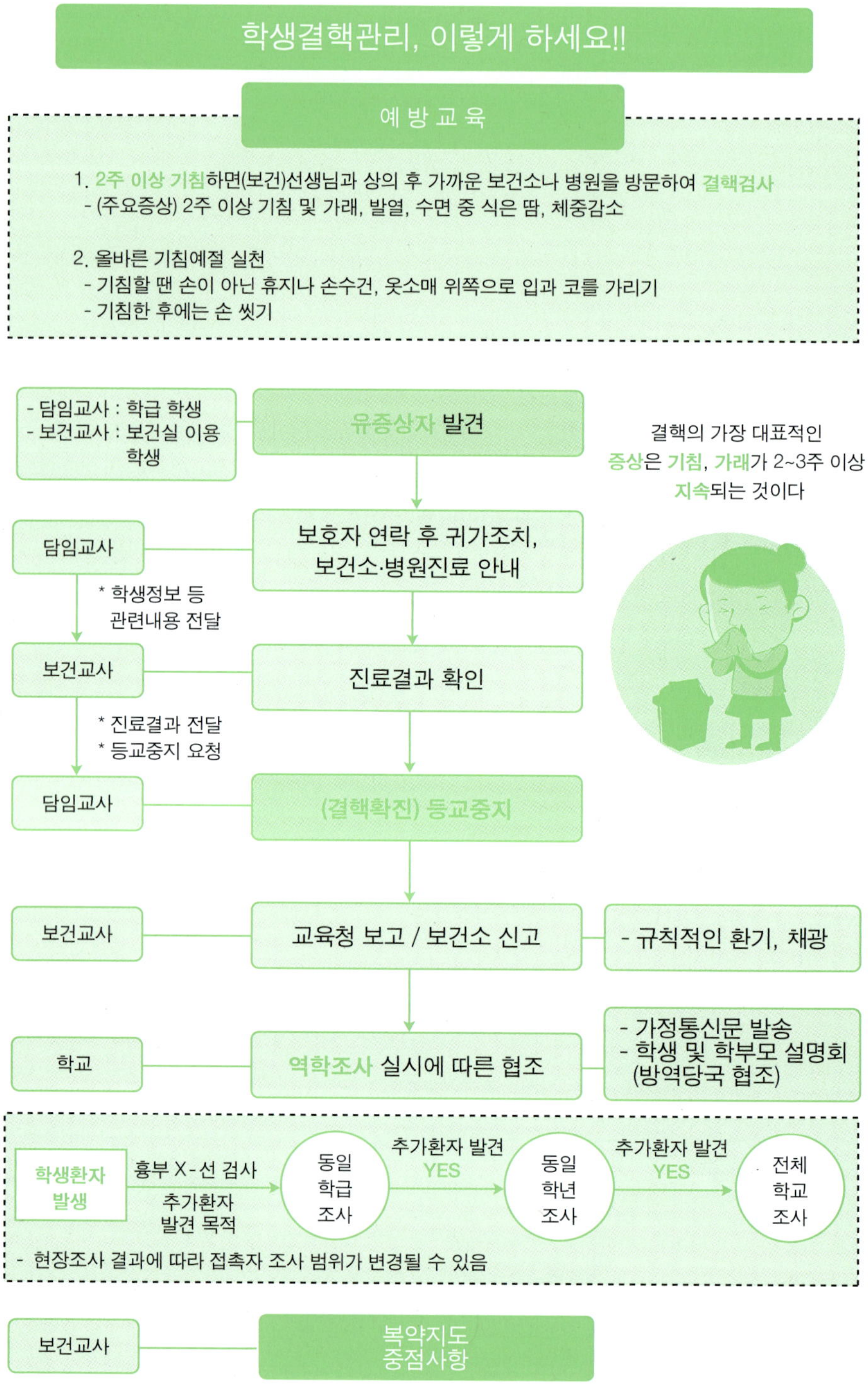

그림 8-6 학교결핵관리 흐름도

출처: 교육과학기술부, 질병관리본부(2012). 2012년 학교결핵관리지침.

〈결핵환자(교직원) 발견〉

- 교육청에 즉시 유선 보고 및 전자 보고(감염병 발생 보고 양식 준수)
- 보건소 보고
- 병원 확인

* 감염병에 이환된 경우 감염병의 예방 및 관리에 관한 법률 제6조(국민의 책무와 권리)에 따라 반드시 보건소장, 학교장, 보건교사에게 알려야 함.

↓

〈역학조사 – 관할 보건소〉

- 접촉자 범위 선정(관할 보건소)
- 접촉자 X-ray 검사, 1차 TST 검사
- 양성자들에게 IGRA 검사
- 잠복결핵 환자 선정(아니아 6개월 혹은 리팜핀 4개월 복용, 3개월마다 X-선 검사)

↓

〈감염자 2주간 복약 및 등교중지, 격리〉

↓

〈등교(출근)〉

- 출근가능하다는 의견이 적시된 의사 진단서 및 의견서 제출
- 교직원일 경우 다제내성검사 실시 후 이상 없음 확인(권장)
  다제내성균 검사(2개월 후 확인가능)
  신속감수성검사(Xpert MTB/RIF 등, 2시간내 확인가능)
- 다제내성일 경우 입원명령, 치료 : '리네졸리드'(상품명 자이복스)

↓

〈감염자, 잠복결핵자 지속적인 복약 및 치료, 상담〉

- 결핵 환자 명부 작성
- 결핵 감염자 관리카드 활용(권장)

↓

〈치료완료〉

- 교육청 전자문서 보고

그림 8-7 감염자 치료 절차

출처: 대구광역시교육청(2015), 2015년 감염병 예방 및 관리 계획

3) 결핵예방

① 검진 실시

- 대상: 중 · 고등학생

- 방법: X-선 검사

② 보건교육 실시

- 가정통신문, 보건소식지, 게시자료, 학교 홈페이지 등 다양한 방법을 활용한다.

Chapter

09

보건실 운영

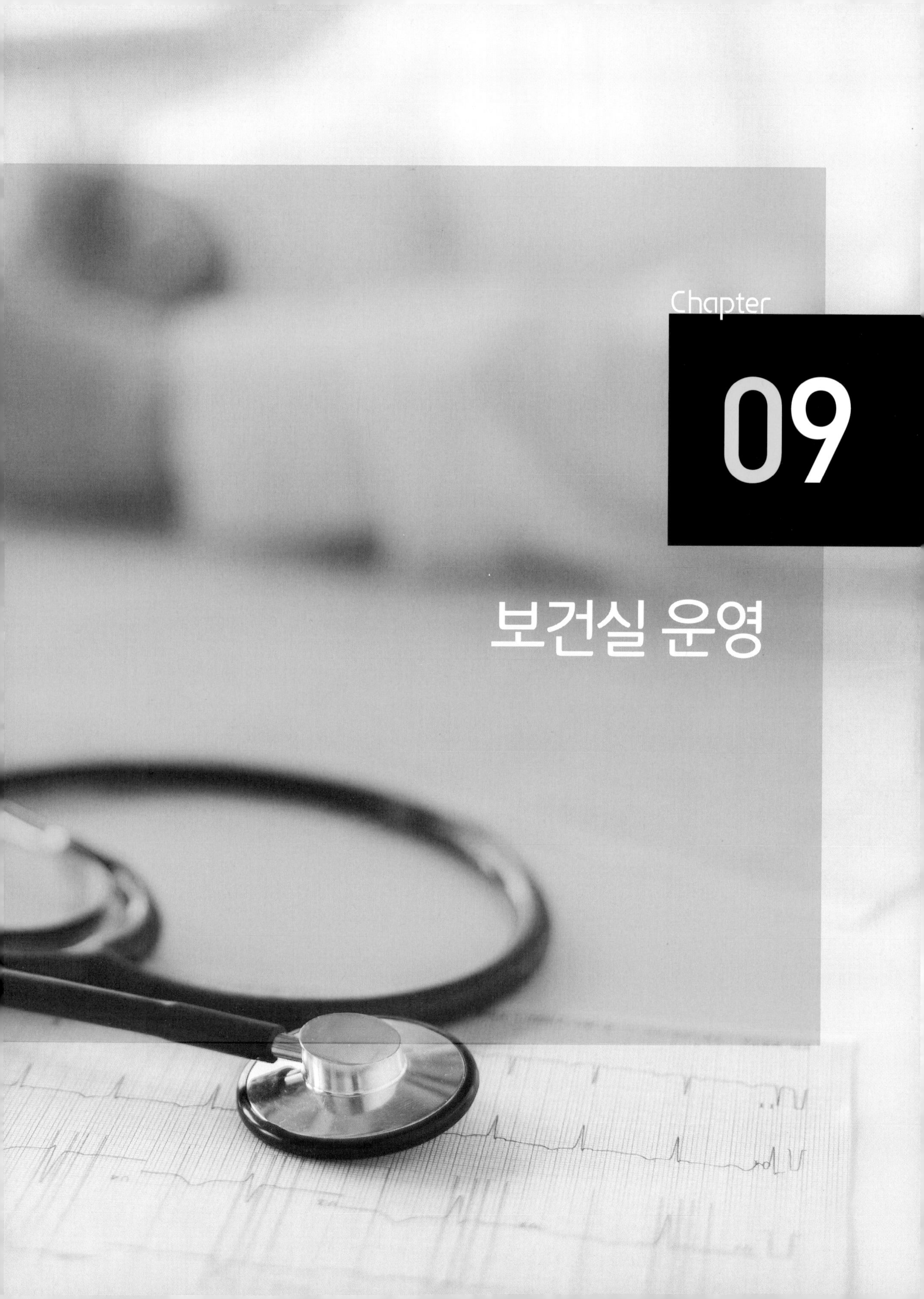

「학교보건법」 제3조에서는 학교의 설립 · 경영자는 대통령령이 정하는 바에 따라 보건실을 설치하고 학교보건에 필요한 시설 및 기구를 갖추도록 명시하고 있다(2007.12.14. 전문개정). 보건실은 학생 및 교직원의 응급처치와 간호 서비스를 제공하는 장소이며, 각종 학교보건관련 문서의 관리를 담당하는 부서이다. 또한, 보건교사가 활동하는 업무현장인 동시에 학교보건과 관련된 학교의사, 교사, 학부모와 연계되는 학교보건 운영의 센터이기도 하다. 보건교사는 보건실의 시설 및 기구 등의 환경을 유지 · 관리하고, 응급처치 및 질병치료에 필요한 약품 및 비품 등을 점검하고 구비하는 등 효율적인 학교보건 관리와 보건실 운영을 위해 필요한 예산을 학년 초에 미리 확보해야 한다.

제1절 시설 관리

1. 위치

「학교보건법 시행령」 제2조(보건실의 설치기준)에 따르면 보건실은 학생과 교직원의 응급처치 등이 신속히 이루어질 수 있도록 이용하기 쉽고 통풍과 채광이 좋은 장소에 위치해야 한다. 또한, 건강관리 및 건강 상담을 위한 독립된 공간이어야 하며, 내부는 요양공간, 처치공간, 상담공간, 사무공간 등으로 구분하는 것이 좋으나 그렇지 못할 경우에는 커튼, 칸막이 등을 사용해서 구분하는 것이 권장된다. 처치공간은 수도시설에 가깝고 밝은 조명이 있는 위치에 마련되어야 한다. 상담공간은 출입문에서 내담자가 직접 보이지 않고 편안하고 안락한 공간으로 꾸미되, 비밀보장을 위해 폐쇄된 공간이어야 한다. 보건교육실을 설치할 경우 응급상황 시 대처가 용이하도록 보건실 옆에 개방된 구조로 설치하는 것이 권장된다.

2. 면적

「학교보건법 시행령」 제2조에 따르면 보건실의 면적은 66m² 이상을 확보하도록 하고 있으나 교육부장관 또는 교육감은 학생 수 등을 고려하여 학생과 교직원의 건강관리에 지장이 없는 범위에서 그 면적을 완화할 수 있다. 보건실에는 침대를 설치하여 아픈 학생이 요양을 할 수 있도록 해야 하며, 초등학교에서는 커튼이나 칸막이로 남녀의 침대를 구분해도 되나 중학교 이상에서는 각각 별도의 요양공간을 만들어야 한다. 요양공간의 넓이는 보건실의 1/3 내지 1/4 정도가 적당하다.

3. 시설

「학교보건법 시행규칙」 제2조에 보건실에서 갖추어야 할 시설에 대한 구체적인 기준(표 9-1)을 제시하고 있다. 보건실에는 수도시설 및 세면대, 냉·난방 시설, 통신시설, 서류 보관함과 약품과 비품 수납을 위한 수납장 등 학생 및 교직원의 보건관리에 필요한 시설 및 설비를 갖추어야 하며 청결하게 관리되어야 한다. 벽은 흰색보다는 요양자의 신체적, 정신적 치유에 도움이 되는 파스텔톤의 온화한 색으로 칠하거나 도배를 하는 것이 좋고, 건강관리에 필요한 다양한 정보 및 교육 자료를 게시하거나 비치한다.

표 9-1 보건실에서 갖추어야 하는 시설 및 기구에 대한 구체적인 기준

영역	시설 및 기구명	비고
1. 일반시설 및 기구	가. 사무용 책상 · 의자	필수
	나. 건강기록부 및 서류보관장	필수
	다. 약장 · 기기 보관함	필수
	라. 소독(멸균)기	필수
	마. 냉장고	필수
	바. 온장고 또는 전자레인지	필수
	사. 물 끓이는 기구	필수
	아. 가습기	필수
	자. 수도 시설 및 세면대	필수
	차. 냉 · 난방 시설	필수
	카. 통신 시설	필수
	타. 컴퓨터 · 프린터기	필수
	파. 칠판(화이트보드)	필수
	하. 손건조기	필수
	거. 온 · 습도계	필수
	너. TV 및 VTR 또는 DVD	필수
	더. 세족기(샤워기 부착)	필수
	러. 긴의자(3-4인용)	필수
	머. 식기자외선소독기	권장
	버. 스탠드라이트	권장
	서. 진공청소기	권장
	어. 휠체어	권장
	저. 공기청정기	권장
	처. 순간온수기	권장
	커. 손전등	권장

표 9-1 보건실에서 갖추어야 하는 시설 및 기구에 대한 구체적인 기준 (계속)

영역	시설 및 기구명	비고
2. 환자 안정용 기구	가. 침대 · 침구류 및 보관장	필수
	나. 칸막이(가리개)	필수
	다. 보온기구	필수
3. 건강 진단 및 상담용 기구	가. 신장계	필수
	나. 체중계	필수
	다. 줄자	필수
	라. 좌고계	필수
	마. 비만측정기	필수
	바. 시력표 · 조명장치 · 눈가리개 · 시력검사용지시봉	필수
	사. 색각검사표	필수
	아. 청력계	필수
	자. 혈압계	필수
	차. 청진기	필수
	카. 검이경	필수
	타. 펜라이트	필수
	파. 치과용거울	필수
	하. 상담용의자 · 탁자	필수
	거. 진찰용의자	필수
	너. 설압자	필수
	더. 혈당측정기	권장
	러. 스톱워치	권장
	머. 검안경	권장
	버. 비경	권장
	서. 치과용탐침	권장
	어. 치과용핀셋	권장
	저. 소아용혈압계	권장
	처. 척추측만증측정자(각도기)	권장
4. 응급 처치용 기구	가. 체온계	필수
	나. 핀셋 · 핀셋통	필수
	다. 가위	필수
	라. 농반	필수
	마. 가제통	필수
	바. 드레싱카	필수
	사. 부목	필수
	아. 휴대용구급기구	필수
	자. 구급함	필수
	차. 들것	필수
	카. 찜질기	필수
	타. 겔리(지혈감자)	필수
	파. 휴대용산소기	필수
	하. 구급처치용침대	필수
	거. 드레싱캔	필수
	너. 스폰지캔	필수
	더. 얼음주머니	필수
	러. 경추보호대	필수
	머. 기도유지기	필수
	버. 수동용인공호흡기(Ambu-bag)	필수
	서. 소독접시	권장
	어. 목발	권장
	저. 세안수수기	권장
	처. 적외선램프	권장

표 9-1 보건실에서 갖추어야 하는 시설 및 기구에 대한 구체적인 기준 (계속)

영역	시설 및 기구명	비고
5. 환경위생 및 식품위생 검사용 기구	가. 조도계	필수
	나. 통풍건습계	권장
	다. 흑구온도계	권장
	라. 가스검지기	권장
	마. 먼지측정기	권장
	바. 소음계	권장
	사. 수질검사용기구	권장
6. 보건 교육용 기구	가. 성교육용자료	필수
	나. 흡연예방교육용자료	필수
	다. 안구모형	필수
	라. 구강모형	필수
	마. 뇌모형	권장
	바. 태아모형	권장
	사. 인체모형	권장
	아. 인체해부도	권장
	자. 심폐소생술실습용인형	권장
	차. 안전교육용자료	권장
	카. 교육기자재보관장	권장
7. 기타	가. 학생 및 교직원의 보건관리에 필요한 시설 · 기구 등	권장

출처 : 대구광역시동부교육지원청(2015). 학교보건기본방향.

제2절 기구 및 약품 관리

1. 기구 및 물품 관리

「학교보건법 시행규칙」의 보건실에서 갖추어야 할 기구에 대한 구체적인 기준(표 9-1)에 따르면 보건실에는 일반 기구, 환자안정용 기구, 건강진단 및 상담용 기구 및 찜질기, 휴대용산소기, 휴대용구급가방, 목발 등 응급처치에 필요한 각종 기구를 갖추어야 하며 학생 및 교직원의 건강관리를 위해 기구의 구입, 사용, 유지 · 관리, 수리가 원활하게 이루어져야 한다.

1) 기구 및 물품 관리를 위한 유의사항은 다음과 같다.

- 구입하고자 하는 기구는 그 용도와 성능을 잘 확인한다.
- 구입 및 출고의 기록 · 관리를 철저히 한다.
- 주기적으로 재고 확인을 하여 수급에 차질이 없도록 한다.

• 결함이 있을 때는 즉시 수리하여 사용에 지장이 없도록 한다.
• 안전하고 효율적으로 유지 · 관리한다.

2. 의약(외)품 관리

보건실에는 기구 및 비품 이외에 응급처치, 질병치료 등을 위해 다음과 같이 의약품 및 의약부외품을 항상 준비해놓아야 한다. 전년도 약품 사용량을 파악하여 당해 학년도 초에 약품구입비에 대한 적절한 예산을 계획하고 학기단위로(필요 시) 품의 및 요구서를 작성하여 결재를 득한다. 구입 후에는 적절히 유지 · 관리한다.

1) 종류

(1) 의약품

소화제, 지사제, 진경제, 진통해열제, 소염진통제, 진해거담제, 항히스타민제(알러지약), 감기약, 영양제(플라시보용) 등으로 낱개 포장되고 상품명이 표시된 알약이 가루약보다 사용하기에 더 편리하고, 사용하고 보관 측면에서도 효율적이다. 안과용약, 피부질환용 연고, 근육통에 사용하는 겔이나 스프레이 타입의 약품도 사용 및 보관을 위해 한꺼번에 다량을 구입하는 것보다는 학생 수와 전년도 소요량을 파악하여 학기 단위로 적정 필요량을 준비한다.

(2) 의약부외품

거즈, 붕대, 탈지면, 반창고류, 안대, 마스크, 면봉, 압박붕대, 주사기 등을 준비한다. 밴드를 구입할 때에는 단순한 보호 밴드 이외에 흉터가 남지 않도록 하는 습윤드레싱 밴드(하이드로콜로이드 성분)도 준비해 두면 좋다. 상처 세척에 필요한 생리식염수, 상처소독에 필요한 소독용 에탄올, 과산화수소수, 포비돈, 바셀린 크림 등도 비치한다.

2) 의약(외)품 사용의 법적근거

• 약사(藥師)가 아닌 자에 의한 약사(藥事) 업무 수행
 –「학교보건법시행령」 제23조제3항제1호: 보건교사(간호사 면허를 가진 자)의 직무(의료행위)

• 학교보건실에서는 의약품 조제가 불가하며 일반의약(외)품만 사용
  – 「약사법」 제50조, 동법시행령 제23조5호

3) 의약(외)품 사용방법

• 정확한 건강사정과 신중한 문진 후에 적정한 약물을 사용하고 증상과 투약 시간을 정확히 기록한다.
• 약물의 오 · 남용 예방을 위해 투약 전에 반드시 용법(사용설명서)대로 투약하고 복용하도록 한다.
• 투약 전에 약물관련 문제(예: 약물 알러지 등의 부작용)는 없는지 반드시 확인한다.
• 물 없이 복용하거나 누워서 복용하지 않도록 한다.
• 녹차, 쥬스, 우유 등의 음료와 함께 약물을 복용하지 않도록 한다.

4) 의약(외)품 관리방법

• 약품 사용과 관리는 반드시 보건교사가 하며, 학생들의 손이 닿지 않도록 보관한다.
• 의약품의 안전관리, 오 · 남용 방지를 위하여 보관 · 관리를 철저히 한다.
• 다량의 약품구입으로 인하여 유효기간이 지나지 않도록 학기단위로 구입한다.
• 의약품 보관 용기 또는 첨부문서에 명기된 유효기간, 보관방법, 사용방법 등을 준수한다.
• 의약품과 의약외품은 분류하여 보관하고, 냉장 보관 시에는 의약(외)품 이외의 것과 분리 보관한다.
• 용기나 포장이 개봉된 상태의 의약품을 서로 섞어서 보관하지 아니한다.
• 온 · 습도 조절, 직사광선 차단 등 보건위생상 위해(危害)가 없고 의약품효능이 떨어지지 않도록 관리한다.
• 약품의 특성에 따라 밀폐용기, 기밀용기, 밀봉용기, 차광용기, 냉장고 등에 적절하게 보관한다.
• 약품 보관 용기에는 약품명을 정확히 표시한다.
• 위험한 약품은 주의 표시를 하고 반드시 잠금장치를 하는 등 안전하게 관리한다.

• 수학여행 등 체험학습을 위해 구급가방(구급상자)을 별도로 준비한다.

3. 물품 및 약품 구입 절차

① 당해 학년도 학교보건 및 건강증진 계획에 따라 보건관련 예산계획을 세우고 적절한 예산을 확보한다.

② 물품의 재고량, 필요성, 소요량 등을 점검하여 구입 또는 수리할 내역을 파악한다.

③ 물품을 구입할 때는 업무포털의 에듀파인에서 기안 후 행정실의 협조를 받아 학교장의 결재 후 구입한다.

④ 물품이 납품되면 검수과정을 거쳐 인수하며 물품대장이나 약품수불부(보건일지프로그램)에 등재한다.

제3절 문서 관리

1. 문서 관리의 목적

• 학교 보건활동에 대한 감시 및 질 향상
• 보건활동계획을 위한 기본자료
• 학교 및 보건의료 전문가 사이의 의사소통 수단
• 학교보건사업과 관련된 교육, 연구 및 통계 자료로 활용
• 학교보건사업의 평가도구로 활용

2. 문서의 종류

• 보건일지(프로그램 사용)
• 약품수불부(약품대장)
• 건강상담일지
• 학생건강기록부
• 각종 건강검사 결과 통계표

• 감염병 관리 대장
• 비품대장

3. 기록

보건실에서 사용하는 건강관련 기록부는 학생 및 교직원의 건강상태 파악 및 건강관리에 도움을 주며 보건교육 자료로 활용하기 때문에 중요하다.

기록부로는 보건일지, 약품수불부, 건강상담일지, 학생건강기록부, 건강검진 통계표, 별도검사 통계표, 감염병관리대장, 비품대장 등이 있다. 기록지 서식은 기존 사용하는 기록부를 사용하거나 필요한 경우 수정·보완하여 업무의 효율성을 기하도록 한다.

학생건강기록부는 전산화되어 있으므로 학교의 장은 「학교보건법」 제7조에 의거하여 교육정보시스템을 이용하여 처리하도록 하고 있다. 또한 건강기록부는 소속 학교의 학생이 전출하거나 중·고등학교 등 상급학교 진학 시에는 그 학교의 장에게 자료를 이관해야 한다.

4. 보고

보고는 학교보건 활동결과를 학교의 상급자에게 알리거나 또는 학교의 상위 기관인 교육지원청에 보고하는 경우가 있다. 보고의 내용으로는 학교에서 실시한 각종 보건 관련 활동 결과를 보건교사가 학교장에게 보고함으로써 내부 결재를 처리하는 경우와 보고 형식에 맞추어 상급기관인 교육지원청 또는 교육청에 보고하는 외부 보고가 있다. 보고는 목적에 맞도록 해야 하며 정해진 보고서식에 맞추어 내용을 명료하게 기록하고 보고기한 내에 업무관리시스템을 이용하여 제출한다. 각종 통계를 내야 하는 보고의 경우 업무포털 내 자료집계 시스템을 통해서 제출한다.

5. 공문 기안 작성법

학교보건과 관련하여 각 부서 간의 의사소통을 절차적 문서에 의하여 결정하고 문서로 남긴다. 공문서에는 의견에 대한 분명한 표시가 되어 있고, 내용이 적법하며, 절차에 따른 형식을 갖추고 있어야 한다. 공문서는 내용이 복잡하여 분명한 업무처리가 필요할 때, 증빙자료가 필요할 때, 문서상의 형식이 필요할 때, 문서상으로 의사소통이 필요할 때, 처리 결과가 일정기간 필요할 때 작성된다. 공문서의 내용은 정확하고 간결하며 명료하여 상대방이 이해하기 쉽게 작성되어야 한다. 작성된 기안은 서면으로 혹은 전자결재를 통하여 상신된다. 상신된 결재는 통과될 수도 안 될 수도 있으며 상대방이 의견을 받아들일 수 있도록 신중하게 작성되어야 한다.

제4절 예산 관리

학교보건예산이란 학교가 보건사업을 위해 필요한 경비를 미리 계산하거나 당해 학년도(회계연도)의 학교보건관련 총지출 예상금액을 일컫는다. 예산에는 학교자체에서 미리 계획하지 않고 교육청 등 상부기관에서 책정하여 내려오는 '성립 전 예산'도 포함된다. 학교보건예산은 전체 학교예산에 포함되어있어야 한다. 학교보건사업은 물론 이를 수행하기 위한 기반 여건이 예산상으로 계획되어있어야 한다. 즉, 보건실 환경 개선, 기구 및 물품, 약품 등에 대한 예산을 말한다. 보건교사는 적절한 학교보건 예산을 확보하고 집행 · 관리하는 역할을 수행한다. 보건교사는 당해 연도의 물품 및 약품의 잔고를 점검하고 각종 건강검사들의 결과를 바탕으로 내년 보건 및 건강증진 사업을 계획하며 내년 예산 중 보건관련 예산의 비율을 알아본 후, 다음 해의 학교보건사업, 환경개선 및 기구 수리, 비품 및 약품 구입 등의 예산을 책정한다. 이를 기안하여 소속 부서의 장에게 결재를 득하면서 전체 학교예산과 더불어 조정한다. 예산을 집행하며 효율성을 점검하고 평가하면서 지출과 함께 예산을 평가한다.

1. 예산의 원칙

- 예산 편성, 집행 및 결산의 결과를 공개해야 한다.
- 예산과 결산이 일치해야 하며, 지출의 추계, 용도가 분명해야 한다.
- 예산이 정한 목적 이외의 용도로 이용하거나 초과지출 및 회계연도를 경과해서는 안 된다.

• 예산을 집행하기 전에 책임자(관리자)의 의결을 거쳐야 한다.

2. 예산의 항목

예산 편성체계는 사업별, 품목별 체제로 개편되어 편성, 운영되고 있다. 예를 들면 다음과 같다.

- 학생건강관리: 건강검사, 소변검사, 구강검사, 체중관리 사업에 필요한 비용
- 보건실 운영: 약품, 비품, 의료기구, 소모품, 침구세탁
- 보건교육: 성교육 및 약물 오 · 남용 예방교육과 관련된 강사비, 교재비, 운영비 등

3. 지출 품의 기안

물품 구입 및 수리 품의 등은 에듀파인 학교회계시스템을 사용하여 기안을 한다. 에듀파인 학교회계시스템은 2010년부터 학교의 재정상태 및 운용결과를 명백히 하고, 학부모 및 이해관계자들의 학교회계에 대한 이해를 높이며, 재정운영보고서 등 각종 통계자료가 생성되어 학교회계의 효율성 및 투명성을 향상시키기 위하여 개발되어 사용하기 시작했다.

참고문헌

- 강말순(2015). 학교현장실습. 현문사
- 교육과학기술부(2012). 학교 감염병 예방관리 매뉴얼.
- 교육과학기술부(2012). 학교에서의 응급의료관리체계.
- 교육부(2015). 감염병 위기대응 실무매뉴얼.
- 교육부(2015), 나이스 교무업무시스템 매뉴얼.
- 교육부(2015). 학생건강증진기본방향
- 교육부(2015). 교육부 고시 제2015-74호
- 권수자 외(2011), 학교보건. 수문사.
- 김영임, 정혜선, 배경희(2007). 건강증진 이론과 적용, 에피스테마.
- 남철현 외(2000). 실무중심 학교보건교육. 계축문화사.
- 대구광역시교육청(2008), 2008년도 흡연예방 및 금연교육 자료집.
- 대구광역시교육청(2015), 2015년 감염병 예방 및 관리 계획.
- 대구광역시동부교육지원청(2015), 학교보건기본방향.
- 대구동중학교(2015). 학교보건 및 건강증진 계획.
- 대구보건교사회(2015). 학교보건업무관리록.
- 박영숙 외(2007), 학교보건학. 신광출판사
- 박영임 외(2006). 건강증진과 보건교육, 수문사.
- 박인혜 외(2007), 보건교육, 정문각.
- 보건복지부(2011), 제3차 국민건강증진종합계획(2011~2020).
- 보건복지부, 질병관리본부(2010). 학교에서의 천식발작 응급 대처법 매뉴얼.
- 보건복지부, 질병관리본부(2014). 법정감염병 진단 · 신고 기준.
- 서울특별시교육청(2014). 2014학년도 학교보건업무 안내.
- 서울특별시교육청(2016). 2016년 보건교육 및 성교육 운영 안내.
- 안양희 등(2014). 지역사회보건간호학. 현문사.
- 안옥희 등(2009), 보건교육학, 메디컬코리아.
- 안옥희 외(2011). 학교보건. 메디컬코리아.
- 양경희 외(2009), 학교보건, 현문사.
- 유광수 등(2013), 지역사회간호학. 정담미디어.
- 윤순녕 외(2000), 건강증진. 수문사
- 이경희, 권수자 등(2011), 보건교육학, 수문사.
- 전국대학보건관리학교육협의회(2006). 보건교육사를 위한 보건교육학. 한미의학.

- 전국대학보건관리학교육협의회(2014). 보건교육사를 위한 보건교육학. 한미의학.
- 전국대학보건관리학교육협의회(2014). 보건교육사를 위한 보건의료법규. 한미의학.
- 전국대학보건관리학교육협의회(2014). 보건교육사를 위한 보건학. 한미의학.
- 전재완(2013), 최신학교보건학. 스포츠북스.
- 정문희 외(2006), 학교보건, 계축문화사,
- 정문희 외(2013), 새로운 학교보건. 계축문화사.
- 정영수 외(2004), 학교보건. 현문사.
- 조유향 외(2014). 지역사회간호학. 현문사.
- 최연희 외(2012), 보건교육학. 정담미디어.
- 최연희 외(2014). 지역사회보건간호학. 수문사.
- 한국교육개발원(2012), 학교건강증진사업 우수사례집.
- 한국교육개발원(2014). 전국 초 · 중고등학생 건강검사 결과분석 및 표본추출 연구.
- 한국건강증진재단(2012), 청소년금연동기유발프로그램.
- 한국건강증진재단(2012), 청소년금연실천프로그램.
- 건강을 위한 정직한 지식 KorMedi. http://www.kormedi.com/default.aspx, 2016. 01.
- 교육부. http://www.mest.go.kr, 2016. 01.
- 교육부 학생건강정보센터, http://www.schoolhealth.kr, 2016. 01.
- 법제처 국가법령정보센터. http://www.law.go.kr, 2016. 01.
- 보건복지부, http://www.mohw.go.kr, 2016. 01.
- 서울아산병원. http://www.amc.seoul.kr/asan/main.do, 2016. 01.
- 위키백과, http://ko.wikipedia.org, 2016. 01.

찾아보기

ㄱ

ㄷ, ㄹ, ㅁ

ㅂ

ㅎ

영문

기타

저자소개

강말순 진주보건대학교 간호학과
김정회 진주보건대학교 간호학과

저자와의
협의로
인지생략

학교보건학

발 행 일 2017년 2월 10일 초판 인쇄
2017년 2월 20일 초판 발행
저 자 강말순 · 김정회
발 행 인 김재민
발 행 처 J M K
서울특별시 마포구 백범로 104, 봉화빌딩 4층
출판등록 2011년 1월 19일 제313-2011-35호
전 화 02)713-0421~3
팩 스 02)704-6265
전자우편 jungmunk@unitel.co.kr
홈페이지 www.jungmunkag.co.kr

정 가 **19,000원**

ISBN 979-11-87563-00-6 93510

도서출판 JMK는 정문각 출판사의 자회사입니다.